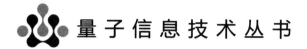

量子信息技术丛书

量子时频传递技术

陈 星 编著

北京邮电大学出版社
www.buptpress.com

内 容 简 介

本书是一本介绍高精度频率时间同步原理、技术和应用的读物。全书分为 6 章：第 1 章是高精度时频传递技术概述；第 2 章是时频信号测试的基础理论；第 3 章是基于光纤网络的高精度时频传递相位抖动补偿技术；第 4 章是高精度时间频率传递的测量方法；第 5 章是高精度时频传递技术应用实例；第 6 章是高精度时频传递技术在其他领域中的应用。

本书可作为相关研究的教师和科研人员的参考书，也可作为相关专业的研究生教材。

图书在版编目(CIP)数据

量子时频传递技术 / 陈星编著 . -- 北京：北京邮电大学出版社，2021.8
ISBN 978-7-5635-6470-5

Ⅰ. ①量… Ⅱ. ①陈… Ⅲ. ①时间测量②频率计量 Ⅳ. ①TB939

中国版本图书馆 CIP 数据核字(2021)第 157099 号

策划编辑：姚 顺 刘纳新 **责任编辑：**王小莹 **封面设计：**七星博纳

出版发行：北京邮电大学出版社
社 址：北京市海淀区西土城路 10 号
邮政编码：100876
发 行 部：电话：010-62282185 传真：010-62283578
E-mail：publish@bupt.edu.cn
经 销：各地新华书店
印 刷：唐山玺诚印务有限公司
开 本：787 mm×1 092 mm 1/16
印 张：9.25
字 数：171 千字
版 次：2021 年 8 月第 1 版
印 次：2021 年 8 月第 1 次印刷

ISBN 978-7-5635-6470-5 定 价：36.00 元

量子信息技术丛书

顾问委员会

喻　松　王　川　徐兵杰　张　茹　焦荣珍

编　委　会

前　言

时间频率标准的产生和传递对国民经济、国防建设和日常生活起着至关重要的作用。1955 年第一台原子钟被发明，其超过了当时天文观测所能达到的水平。时间频率测量领域也因此发生了划时代的变化，由传统天文学的宏观领域过渡到现代量子物理学的微观领域。1967 年 10 月，第 13 届国际计量会议通过了新的"秒"定义："秒是^{133}Cs原子基态的 2 个超精细能级间跃迁辐射振荡 9 192 631 770 个周期所持续的时间"。随着技术的不断进步，原子钟的种类迅速扩展到不同应用领域中的铷原子钟、铯原子钟、氢原子钟、CPT 原子钟等，原子钟的性能指标被不断地刷新，精度平均每十年提高一个量级。通过提高本振频率可以有效地提高频率标准的稳定度。与已有的原子钟比较，光钟具有实现更高准确度的潜力，被公认为下一代时间频率基准。用光钟替代现行的铯原子喷泉钟来重新定义秒，可以显著提高卫星导航系统的定位精度。发展独立自主的高精度频率传递和时间同步系统，进而实现高精度时频同步网络化，是我国亟待解决的国家基础设施之一。

得益于赶上高精度时频传递的飞速发展，作者在高精度时频传递领域进行了近十年的研究，博士毕业后也一直从事高精度时频传递技术的研究工作，积累了一些经验，在此整理出来与大家分享。本书的撰写以作者发表的论文为主要内容，包括作者博士期间发表的论文和实验结果。在本书的撰写过程中，作者得到研究生张鹏瑶、曹义尧、陈祎楠、刘谦、牛嘉林、汪雨生、慈骋、郑俊鹤等在章节撰写和文字校准方面的支持和帮助，在此表示诚挚的感谢。作者希望本书对相关研究人员、教师、学生的工作和学习有参考作用。

在此感谢北京大学张志刚教授、郭弘教授、施可彬教授、陈景标教授等，在原子钟方面以及精密测量方面给予的帮助，在与他们一次次的交谈中，受益匪浅。

在此感谢北京邮电大学的罗斌副教授、喻松教授等在工作上的大力协助，也感谢北京大学的培养，以及北京邮电大学的同事们在工作上给予的支持，同时，感谢北京大学和北京邮电大学的学生们所做的大量工作。

目　　录

第1章
高精度时频传递技术概述

"时间"是什么？"时间"是怎么测量的？"时间"的长度是一致的吗？是不变的吗？为什么从 2008 年进入 2009 年的时候,全世界所有时钟都多加了 1 s？对于大部分人来说,时间是一种"想当然"的东西。试想,如果每天上下班,大家的"时间"都是不一致的,各走各的毫不相关,那基本的工作秩序就没有了！那么,到底是什么掌控着时间？时间有起点吗？会终结吗？日出而作,日落而息。春夏秋冬,又一春。这就是最原始的时间同步系统。从最初的日晷、滴漏到现代社会的原子钟,时间精度从 100 s 到现在的阿秒量级。随着社会生产力的不断发展,对时间同步精度的要求也越来越高,因此,"时间"在实际生活中是非常重要的。从金融交易到卫星导航,一个唯一而精确的时间系统对每个人来说都很重要。因此,独立自主的高精度频率传递和时间同步系统,进而实现高精度时频同步网络化,是我国亟待解决的国家基础设施之一。

1.1 高精度时频传递的概念

研究时间这个问题和研究宇宙是分不开的。

亚里士多德认为:"时间是关于前和后的运动的数。"他将时间定义为"依先后而定的运动的数目"。其中,"依先后而定"指均匀计数的方式,"运动的数目"指按此方式衡量运动所得到的一个个数目,即"现在"的系列。亚里士多德指出,时间是间断性和连续性的统一,其间断性表现在

"现在"的前后之分,连续性则表现为"现在"的均匀延续。亚里士多德第一次把时间的单元分析为"现在",把时间解释为由"现在"所构成的连续系列。这种以"现在"为基础的时间观,比较完满地解释了时间的均匀流动性、前后不可逆性、可分割的间断性和不停驻的连续性等特点[1]。

毫无疑问,时间概念对于任何基础物理理论来说都是重要的,这一观点可以追溯到牛顿时代。在他著名的《自然哲学的数学原理》[2]一书中,可以看到这样的论述:

我不去定义时间、空间、地点和运动,因为这是众所周知的。只是我观察到,一般人认为这些量之下没有其他概念,但是从它们的关系理解,它们是互相关联的对象。于是就产生了某些偏见。为了消除偏见,把它们区分为绝对的和相对的、真实的和表象的、数学的和通俗的是方便的。

从其自身的性质来看,绝对的、真实的和数学的时间本身是平等流逝的,与外部的任何事物都没有关系,并且也称为"持续时间";相对的、表象的和通俗的时间通过运动对持续时间进行感性的和外部的(无论是否准确或不平等)测量,通常用来代替真实时间,如一个小时、一天、一个月、一年等[3]。

爱因斯坦的结论是:过去、现在和未来可同时存在。有一次,他在一封信中写道:对我们这样相信物理的人来说,过去、现在和未来之间的差别只是一种顽固而持久的错觉。

时间的概念是不言自明的。在物理学中,时间通常由其测量来定义:它只是时钟的度数。

时间是人根据物质运动来划分的,不是本来就有的,宇宙中的时本来是没有间的。物质运动需要耗费时,但是如果不把时分割成间,我们的思维就无法识别时,我们之所以能思考,是因为思维能对物质世界命名,物为实,思为虚,思命物以虚名,为思所用。没有进行分割过的时无法被命名,无法进行区分,只有分割成时间后,才能被思维所用,因为分割后时可以被命名了。例如,我们把地球绕太阳一周的运动过程划分为一年,把地球自转一圈的运动过程划分为一日,这样的划分便于思维使用数字符号来计算。如果你不是生活在地球上,绝对不会以地球的运动过程来分割时。所以,时间不过是人为了便于思维思考这个宇宙,而对物质运动进行的一种划分,是人定的规则,而并非自然规则。时间是人为的划分,怎么分都可以。

授时的概念可以追溯到我国古代,即记录天时告知百姓。古代皇帝身边的星象学专家们根据所观测的日月星辰情况制定历法,瑾慎地把时令授予民法,从而指导百姓在合适的时间进行播种、施肥及收获。现在随着工业化、机械化、电子化的发展,各种钟表进入了人们的生活,授时精度在不断提高,推进了社会的进步与发展。

可见,授时从古至今都是非常重要的。

高精度时频传递是指将时间和频率基准通过某种传输介质进行无损地传递。频率传递是为了让两地的钟走得一样快,而时间同步则是为了让两地钟的时刻是一样的。

1.2 高精度时频传递技术的历史发展

时间频率标准的产生和传递对国民经济、国防建设和日常生活起着至关重要的作用。1955 年第一台原子钟[4]被发明,其超过了当时天文观测所能达到的水平。时间频率测量领域也因此发生了划时代的变化,由传统天文学的宏观领域过渡到现代的量子物理学的微观领域。1967 年 10 月,第 13 届国际计量会议通过了新的"秒"的定义:"秒是^{133}Cs 原子基态的 2 个超精细能级间跃迁辐射振荡 9 192 631 770 个周期所持续的时间"。现在,时间已进入原子时时代。随着技术不断进步,原子钟的种类迅速扩展到不同应用领域中的铷原子钟、铯原子钟、氢原子钟、相干布居数囚禁(Coherent Population Trapping,CPT)原子钟等,原子钟的性能指标被不断地刷新,精度平均每十年提高一个量级[5]。原子钟的发展趋势如图 1.1 所示。基于原子频率的频率标准稳定度不断提高。通过提高本振频率可以有效地提高频率标准的稳定度。从微波原子钟[6-13]到光频原子钟(光钟)[14-17],目前世界上主要发达国家都致力于光钟的发展。2017 年,光钟的不确定度已经达到 10^{-19} 量级[18]。2015 年,我国计量院的锶原子光钟系统频移自评估不确定度达到 $2.3×10^{-16}$[19]。光钟的频率稳定度如图 1.2 所示。

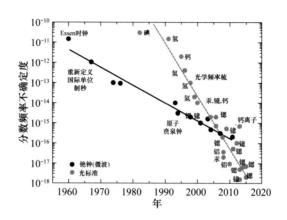

图 1.1　原子钟的发展趋势

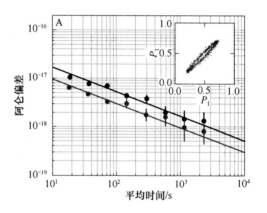

图 1.2　光钟的频率稳定度[18]

　　时间同步利用现代技术实现时间基准的远距离异地复制与时间基准的传递,目的是对接收端进行"授时",使其获得标准的时间信号。根据授时手段的不同,分为长波授时、短波授时、卫星授时、网络授时、光纤授时等。

　　高精度授时是实现时间同步的关键,世界上主要发达国家都高度重视授时系统建设。1957 年,美国在东海岸建成了第一个罗兰-C 导航授时台链,开展利用长波进行无线电导航、授时服务。1973 年,美国开始建设全球定位系统(Global Positioning System,GPS);1995 年 4 月,美国宣布 GPS 达到全运行能力;1996 年,美国宣布 GPS 为军民两用系统,GPS 逐渐从军用扩展至民用。目前,GPS 授时技术已成为国际上广泛使用的时间同步技术。

20 世纪 70 年代起,我国先后建立了独立的原子时系统以及长波、短波授时系统,北斗卫星导航系统等国家科学工程重要基础设施,形成了以卫星授时为主、地面授时为辅的授时体系。北斗卫星授时具有自主可控、授时精度高、覆盖地域广、使用方便等优点,在军民融合领域得到广泛应用。我国时间同步系统是随着导弹、航天靶场试验等国防科研的需要而发展起来的。2020 年 6 月 23 日,北斗系统第五十五颗导航卫星发射成功,标志着北斗三号全球卫星导航系统星座部署全面完成。北斗系统是我国迄今为止规模最大、覆盖范围最广、性能要求最高、最复杂的巨型航天系统。北斗系统的建设实现了高密度发射组网,创造了世界卫星导航的奇迹,被称之为"中国速度"。北斗系统集导航定位授时、星基增强以及精密定位于一体,再加上地基增强等多种功能,实现了实时的米级、分米级、厘米级导航定位增强服务能力,更提供了"中国精度"[5]。

20 世纪 80 年代,国内企业采用符合国际规范的 IRIG-B 时间码研制出我国第一代 B 码标准化冗余时统,建立了"主站时统设备＋终端"的时间同步系统,提高了国防科研试验时间同步系统的可靠性。另外,近年出现的精确时间协议(Precision Time Protocol,PTP)是一种高精密的网络时间同步技术,已成为网络时间同步的发展方向,美国已将 PTP 技术作为下一代网络的时间传递核心技术。随着我国科学技术和国防科技的发展,越来越多的军事和民用部门需要高精度时间频率的统一,小型化、网络化的板卡、模块、设备等时间同步产品在国防以及通信、电力、交通等国民经济重要领域中得到了广泛的应用。几种时间同步手段的特点及现状如表 1.1 所示。

表 1.1 几种时间同步手段的特点及现状比较[5]

时间同步手段	特点及现状
卫星授时	卫星授时具有授时精度高、覆盖地域范围广、使用方便等优点。由于 GPS 发展较早,GPS 授时是目前使用最为广泛的授时手段,随着我国北斗卫星导航系统的不断建设和完善,北斗卫星授时将在我国国防及国民经济重要领域中逐步兼容替代 GPS 授时

时间同步手段	特点及现状
网络同步	网络同步主要有网络时间协议(Network Time Protocol,NTP)和精确时间协议两种方式。PTP 相对于 NTP,时间同步精度可达亚微秒量级。作为一种新的授时手段,PTP 提供了高精度、低成本的分布式时钟同步方法,是时间同步网络化的发展方向
高精度时间同步	采用卫星共视技术、微波双向比对技术等实现纳秒量级的高精度时间同步
多手段时间同步	以星基授时为主,陆基、网络为辅的多手段进行标准时间频率的接收、保持、传递和使用,可使得时间同步系统更加安全、可靠。目前主要的授时手段有卫星/微波/光纤双向时间比对、北斗/GPS 卫星授时、长波授时、NTP/PTP 网络授时、同步数字体系(Synchronous Digital Hierarchy,SDH)通信网时间同步、搬运钟对时等方式

目前一种常用的卫星授时技术有基于 GPS 技术的授时方法和卫星双向时间传递法。在基于 GPS 技术的授时方法中,最为常用的一种授时技术是 GPS 共视法(Global Positioning System Common View,GPS CV),即两地的 GPS 接收机在某一时刻同时接收同一颗 GPS 卫星的信号。由于两接收机拥有同样的时间参考,可以认为他们接收到的 GPS 秒脉冲信号一致,表示为 T_{GPS}。将 T_{GPS} 信号分别与两地的时钟秒脉冲信号 T_A 和 T_B 输入到时间间隔计数器中,测量其秒脉冲时间间隔。然后通过数据传输网络传输两地计数器测得时间间隔 ΔT_{AGPS} 和 ΔT_{BGPS}。通过做差运算即可获得两地钟差,授时精度可以达到纳秒量级。具体表达式如式(1.1)~(1.3)所示。

$$\Delta T_{\text{AGPS}} = T_A - T_{\text{GPS}} \tag{1.1}$$

$$\Delta T_{\text{BGPS}} = T_B - T_{\text{GPS}} \tag{1.2}$$

$$\Delta T = T_A - T_B = \Delta T_{\text{AGPS}} - \Delta T_{\text{AGPS}} \tag{1.3}$$

另一种常用的卫星授时技术为卫星双向时间传递法。其基本工作原理是参加对比的两个地面 A 和 B 站同时向卫星发送秒脉冲信号 T_A 和 T_B,并接收经由卫星转发的、由对面地面站发送的秒脉冲信号。两站的时间间隔计数器分别测量各自发送秒脉冲信号与接收到秒脉冲信号的时间差,表示为 ΔT_{AB} 和 ΔT_{BA}。具体传输过程的表达式如式(1.4)~(1.6)

所示。

$$\Delta T_{AB} = T_A - (T_B + T_{BS} + T_{SA}) \tag{1.4}$$

$$\Delta T_{BA} = T_B - (T_A + T_{AS} + T_{SB}) \tag{1.5}$$

$$\Delta T = T_A - T_B = \frac{1}{2}(\Delta T_{AB} - \Delta T_{BA}) + \frac{1}{2}(T_{AS} + T_{SB} - T_{BS} - T_{SA}) \tag{1.6}$$

其中，ΔT_{AB}表示地面 A 站时间间隔计数器示数，ΔT_{BA}表示地面 B 站时间间隔计数器示数；ΔT_{BS}表示 B 站秒脉冲传输到卫星的上行时间，T_{SA}表示 B 站秒脉冲从卫星传输到 A 站的下行时间；同样，T_{AS}表示 A 站秒脉冲传输到卫星的上行时间，T_{SB}表示 A 站秒脉冲从卫星传输到 A 站的下行时间。考虑到 A 站和 B 站互传信号所经过的传输路径一致，方向相反，可以认为其传输时延一致，如式(1.7)所示。

$$T_{AS} + T_{SB} - T_{BS} - T_{SA} = 0 \tag{1.7}$$

将式(1.7)代入到式(1.6)中可以得到两地钟差，其等于两地时间间隔计数器显示数值的差值。通过做差运算即可获得两地钟差，最终授时精度可以达到 1 ns。

互联网授时就是以计算机网络为传输媒介来传播标准时间。时间同步精度可以达到秒级，能够满足日常实际需求。互联网中的同步技术有很多，精确时间协议同步的误差可以达到微秒量级。由 IEEE 1588 标准[20]标准化的精确时间(PTP)协议于 2002 年首次发布，它是一个针对分组交换网络(如以太网)的同步协议，至今仍在不断地发展。PTP 协议通过近远端传递携带精确定时信息的报文来实现。PTP 的同步机制如图 1.3 所示。

(1) 本地端发送同步报文(SYNC)给远端，并记发送时刻的时间戳 t_1。t_1 由 FOLLOWUP 报文随后发送给远端。

(2) 远端接收本地端传来的 SYNC 报文，记录接收时间戳 t_2，并发送 DELAY_REQ 报文给本地端，记录发送时间戳 t_3。

(3) 本地端记录接收到 DELAY_REQ 报文的时间戳 t_4，并通过 DELAY_RESP 报文将 t_4 传给远端。

(4) 远端接收 DELAY_RESP 报文，获得时间戳 t_4。这样远端就可以通过使用 t_1、t_2、t_3、t_4 计算得到本地端与远端的时间差，从而调整时间，达到时间同步。

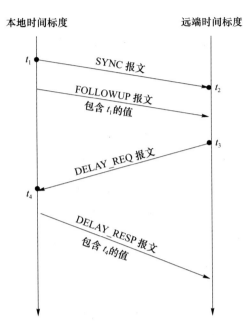

图 1.3　PTP 的同步机制[20]

具体计算如下：

$$\mathrm{delay_{ms}} = \frac{t_4 - t_3 + t_2 - t_1}{2} \qquad (1.8)$$

$$\mathrm{offset_{ms}} = t_2 - t_1 - \mathrm{delay_{ms}} = \frac{t_2 - t_1 + t_3 - t_4}{2} \qquad (1.9)$$

其中，$\mathrm{delay_{ms}}$ 表示本地端与远端之间的链路延时，$\mathrm{offset_{ms}}$ 表示本地端与远端的时间差。远端调整 $\mathrm{offset_{ms}}$ 大小的时延，可实现时间同步。

目前，在现有的授时手段中，基于光纤链路的授时方法是精度最高的。光纤具有损耗低、受外界环境影响小等优点，这使其成为一种更优的传输介质并在近年来得到迅猛的发展。光纤授时能够获得的授时精度高达百皮秒量级，具体分类和实现方法将在 1.4 节中详细介绍。

1.3　基于光纤链路的高精度频率传递技术的主要类型

高精度频率传递技术是指将本地端频率基准通过某种介质传递到远

端,在远端实现本地端频率基准的"再现"或远端频率基准与本地端频率基准保持"一致"。

随着现代高精度原子钟的快速发展,频率稳定度秒稳在 10^{-6} 的频率振荡器[21]以及频率不确定度在 10^{-19} 的光钟[22]相继出现。传统的高精度频率传递方法有微波链路授时(包括长波授时、短波授时)、全球卫星导航定位系统、双向卫星时间频率传递技术等[23-24],但不能满足如此高精度频率标准的传递。以 GPS 系统为例,其需要长时间(平均时间:天)平均(频率稳定度能达到 $10^{-15[25]}$),以平均掉传输路径中环境条件的变化,不能够提供用于时间同步所必需的高精度短稳时间信号,因此,基于 GPS 的授时系统没有能力传递高稳定的新一代光钟。现有的时频传递和同步技术已无法满足高精度原子钟时间频率比对的需求,需要发展具有更高精度的时频传递与同步方法。目前研究表明,利用与环境隔离的光纤网络进行高精度频率传递,并采取主动补偿措施后,频率传递稳定度可以达到天稳 $10^{-19[26-27]}$。因此,目前最有前途的新一代授时方式就是基于光纤网络的授时方式。欧洲在 2020 年底完成光钟比对的计划——Refimeve+,这些单位包括巴黎天文台、英国国家物理研究所(National Physical Laboratory,NPL)、德国物理技术研究院(Physikalisch-Technische Bundesanstalt,PTB)和意大利国家计量科学研究院(Istituto Nazionale di Ricerca Metrologica,INRIM)[28]。

基于光纤链路的高精度频率传递技术已成了重要的频率传递手段[29-31],在其具体方案实施中,结合电子学方法和光学方法进行系统设计,同时检测光纤传输链路中由于温度、机械振动等引起的相位抖动并利用主动补偿的手段对其进行稳定。目前,利用光载波进行频率传递的技术方案分为三种:射频调制传递、光学频率传递以及光学频率梳传递[32]。

1. 射频调制传递

射频调制传递是用单频激光对需要传递的频率基准进行强度调制,并将经过调制的光信号通过光纤传递到远端,是通过光纤进行频率传递最直接的方法,原理如图 1.4 所示。

在远端,通过对强度调制频率的检测将射频信号进行恢复,同时本地端将返回的信号与基准信号进行相位比较,并对检测到的相位抖动采取主动补偿。然而,光纤链路由于受到温度、振动等的影响,会引入额外的相位抖动,这会限制整个系统的性能。相位抖动补偿在高精度频率传递系统中的更多应用中是必不可少的。因为频率基准的相位信息必须是一个定值,压电陶瓷(Piezoelectric Ceramic Transducer,PZT)光纤拉伸器(小的动态范围)对光纤的群延时都有着直接的影响。利用光信号直接进行射频强度调制的方案实现起来简单。

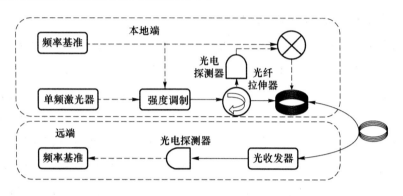

图 1.4　射频调制传递的原理框图

许多学者在这方面研究中取得最新进展[30,33-41]。图 1.5 所示为 2012 年 Śliwczyński L[42] 等人进行 480 km 光纤高精度频率传递实验的原理框图,利用电学补偿方法进行链路相位抖动补偿,传递频率不稳定度天稳可以达到 4×10^{-17}。

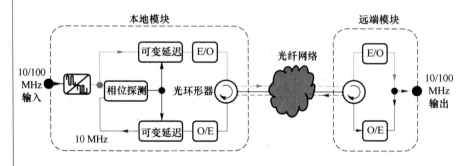

图 1.5　480 km 射频调制传递原理[42]

2. 光学频率传递

光学频率传递即直接传递高精度光学频率(光钟)信号到远端。光频段的相位噪声测量精度远高于射频波段的相位噪声测量精度,光钟的波长一般是在可见光波段,而适合在光纤中低损耗传递的光波长是 1 550 nm 的红外波长。因此,无论是在本地端还是远端,都要将其与光学频率梳锁定,转换成适合光纤链路传递的波长或者将光频下载到射频波段,原理框图如图 1.6 所示。

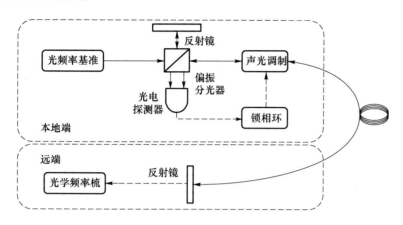

图 1.6　光频传递原理框图

在此种方案中,光纤传输链路中的相位抖动积累会给被传输的光频带来不稳定性,因此同样需要对相位抖动进行补偿。直接传递光频的方案频率短期稳定度比对光信号直接进行射频强度调制的方案要好,但该方案灵活度差,同时基准源需要光钟来锁定,系统复杂且成本高,而且不易产生秒脉冲。

许多学者从事这方面的研究[43-56]。目前,该方案的最新研究进展是Droste S.[57]等人在德国马克斯普朗克量子光学研究所与德国联邦物理技术研究院之间 1 840 km 光纤链路中完成了光学频率传递的实验,整个光纤链路中放置 20 个掺铒光纤放大器以及两个布里渊(Brillouin)放大器来补偿420 dB的光纤链路损耗,采用主动多普勒补偿技术补偿 20 Hz 的频移,中间没有加中继装置,补偿伺服带宽受限于光纤链路长度(～20 ms),用Λ 频率计数器测得的频率传递不稳定度可以达到秒稳 10^{-13},百秒稳达到10^{-15},实验原理框图如图 1.7 所示。

3. 光学频率梳传递

光学频率梳传递利用光学频率梳作为载体,同时将光学频率和射频频率信号传递到远端。尽管直接传递光频的方案相比于射频光强调制具有更好的短期频率稳定性,但也具有技术局限性。首先,系统使用的传递频率一旦选定,就失去了灵活性。远端的用户如果想将传递的频率基准与本地某个光频锁定,即使频率偏差仅为 100 GHz,也需要使用复杂的光学频率梳系统进行频率下载。同时,如果想把传递的光学频率转换为射频波段,同样需要将光学频率梳进行频率转换。在这种情况下,自然选择将光学频率梳作为载体进行高精度的频率传递,其原理示意如图 1.8 所示。

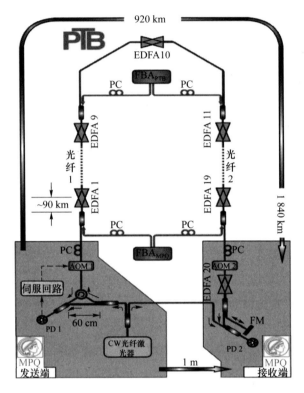

图 1.7　1 840 km 光频传递原理框图[57]

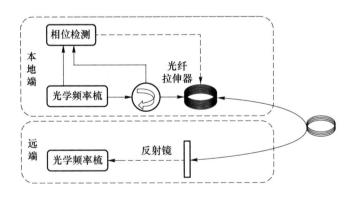

图 1.8　光学频率梳传递原理框图

光学频率梳的梳齿间隔由激光器的重复频率决定,一般在 100 MHz 到 1 GHz 之间。因此,在远端用户通过光电探测器进行检测后,由于光学频率梳齿间的拍频效应,可以直接得到等于激光器重复频率或者其高次谐波的射频电信号。同时,远端用户也拥有了通过光学频率梳中绝对光频来进行射频转换的自由度。在采用光学频率梳进行频率传递的方案中,首先需要一个和高稳定度频率源锁定的光学频率梳,对链路中相位噪声的补偿、色散的补偿以及幅度-相位的转换调控都有较高的要求。

通过光学频率梳实现高精度频率传递的方案综合性能出色,而且系统配置具有高度灵活性,许多学者从事光学频率梳传递的研究[27,58-67]。目前该方案的最新研究进展是 Giuseppe M.[64] 等人提出将重复频率 250 MHz 脉宽 150 fs 掺铒光学频率梳与被 GPS 驯服的高稳晶振锁定,并在 86 km 光纤中进行高精度频率传递的实验。该方案原理如图 1.9 所示,用光纤拉伸器和热控制光纤弧对链路变化引起的相位抖动变化进行补偿,光纤拉伸器补偿快变的频率($\sim$100 ms),光纤弧补偿慢变的频率($\sim$几十秒),应用相位检测技术测量由光纤链路引入的噪声,并且对其进行抑制,用 Λ 型频率计数器得到的频率传递不稳定度达到秒稳定度 5×10^{-15},1 600秒稳定度 4×10^{-17},相应的时间抖动为 64 fs。

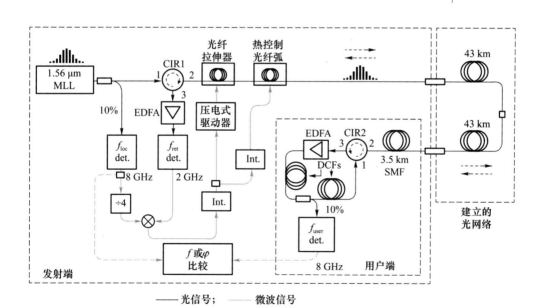

图 1.9 86 km 光学频率梳传递实验原理框图[64](EDFA 表示掺铒光纤放大器;
MLL 表示锁模激光器;CIR——环形器;SMF——单模光纤;DCF 表示色散补偿光纤)

1.4 基于光纤链路的高精度时间同步技术的主要类型

高精度频率传递和时间同步系统的主要目的是为系统中各个子系统提供统一的时频基准。这些信息不仅包括频率基准 10 MHz 信号,还包括 1 pps(Pulse Per Second,秒脉冲)信号。1 pps 信号用来提供定时的参考时刻,10 MHz 用来给工作系统提供参考时基。时间同步技术的目标是将在空间上存在一定距离的两个点或多个点的时钟进行同步,以实现高精度地协同工作。其目的都是无论采用何种介质(大气、电缆、光纤等),都可将基准时钟信号由一地传至另一地,实现两地的时钟同步,传递的同步信息是基准时间和频率。时钟比对及时钟再现都是高精度时间同步的典型例子。

对于时钟比对来说,主时钟位于本地端,从时钟位于远端,时间同步的目的是使本地端、远端两地的时钟达到高精度的同步。而对于时钟再现,主时钟位于本地端,时间同步的目的是将本地端的主时钟无损失地传递到远端,并在远端恢复或再现一个与本地端一致的时钟。无论是上面的哪种情况,我们都需要完成高精度的时间同步。事实上,本地端、远端两地的时钟同步有两层含义:第一,在某一时刻(时间轴上某一点),本地端、远端两地时钟的时刻信息相同;第二,本地端、远端两地时钟的时间轴基准相同(即时钟频率相同)。目前,高精度时间同步技术主要有两种方法:一种是 Round-Trip 法[26,68];一种是双向比对法[69-71]。

1. Round-Trip 法

Round-Trip 法是将本地端时间基准 1 pps 信号经过电光转换模块以 λ_1 波长发送出去,并经过波分复用器传递到远端,远端经过光电转换模块将其转换成电信号,恢复出 1 pps 信号,然后再将恢复的 1 pps 信号经过电光转换模块以 λ_2 波长发送出去,并经过波分复用器合波传递到本地端,本地端恢复出回传过来的远端信号。在本地端,利用时间间隔计数器测量时间基准 1 pps(开门信号)与接收到远端回送过来的 1 pps(关门信号)的时间间隔,即得到环路总时延。由于线路中使用同一根光纤进行传输,所以单向传输时延即可认为是环路总时延的一半,利用该值进行时延补偿,即可在远端恢复出与本地端时间基准一致的秒脉冲。其原理框图如图 1.10 所示。

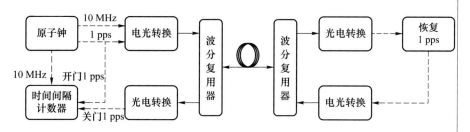

图 1.10　Round-Trip 法原理框图[68]

Przemysław Krehlik 等人[72]采用 Round-Trip 法,利用可变延迟线作为相位抖动补偿器件,在光纤上实现时间与频率传递,如图 1.11 所示。Round-Trip 的方法是将到达链路远端的时频基准信号(10 MHz 频率信号和用于时间同步的 1 pps 信号)返回本地端,利用反馈系统来补偿传递信号的相位(或延迟)的抖动。相位检测器检测本地输入信号和返回信号之间的相位差,并通过驱动可变延迟线来消除该相位差,实现频率传递。对于时间同步,则是通过在本地端与远端添加 1 pps 嵌入器和解嵌入器实现。在本地端,嵌入器中的 1 pps 信号在 10 MHz 信号上引入特定的相位调制进行编码。在远端,解嵌入器提取 1 pps 脉冲。值得注意的是,频率信号对嵌入器与解嵌入器是透明的。这表明:一方面,时间脉冲的插入和提取不会干扰频率传递以及链路延迟稳定的补偿工作;另一方面,延迟稳定链路同时作用于频率和时间信号。因此,1 pps 信号的输出延迟也是稳定的。在本地端,反向链路中加入了第二个解嵌入器(图 1.11 中指定为2),用来测量 1 pps 参考信号和 1 pps 返回信号之间的 1 pps 脉冲往返延迟。从中可知,往返延迟的一半即为本地端与远端的时钟偏差,计算并校准该偏差,即可实现时间同步。该方案实现的时频传递系统可以在615 km 光纤中进行时频传递。结果证明,在 10^5 s 平均时间内的频率稳定度为 5×10^{-17}/天,时间偏差低于 50 ps。

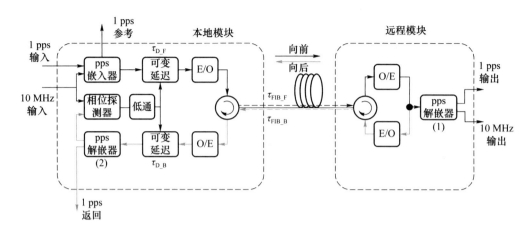

图 1.11　615 km Round-Trip 法时频传递系统[72]

2. 双向比对法

双向比对法是将本地端时间基准 10 MHz 和 1 pps 信号经过电光转换模块以 λ_1 和 λ_3 波长发送出去,并经过波分复用器传递到远端,远端经过光电转换模块将其转换成电信号,同时恢复出 10 MHz 和 1 pps 信号,然后再以恢复出的 10 MHz 作为参考基准经过分频得到 1 pps 信号,再将此 1 pps 信号经过电光转换模块以 λ_2 波长发送出去,经过波分复用器合波传递到本地端,本地端恢复出远端传过来的信号。在本地端,利用时间间隔计数器测量时间基准 1 pps(开门信号)与接收到远端回传过来的 1 pps(关门信号)的时间间隔,记为 T_{AB};在远端,也放置一台时间间隔计数器,测量远端产生的 1 pps(开门信号)与本地端传到远端恢复出的 1 pps(关门信号)的时间间隔,记为 T_{BA}。设本地端同步脉冲到达远端的时间为 $\Delta\tau$,远端同步脉冲到达本地端的时间也为 $\Delta\tau$,利用公式 $\Delta T=(T_{AB}-T_{BA})/2$ 得到本地端与远端秒脉冲的时延差 ΔT,然后本地端根据 ΔT 数值进行时延补偿,调整秒脉冲的位置,使得 $\Delta T\equiv 0$,即可在远端恢复出与本地端时间基准一致的秒脉冲。其原理框图如图 1.12 和图 1.13 所示。

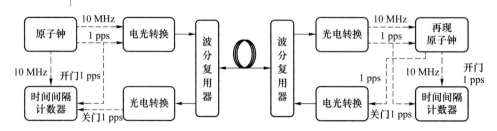

图 1.12　双向比对法原理框图

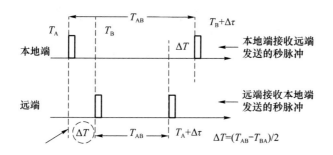

图 1.13 双向时间比对原理

2015 年,美国国家标准与技术研究院[73]采用双向比对法在自由空间链路上验证了两个光学时间标准(光振荡器)在 4 km 空间链路中的时间同步,同步精度可以到达飞秒级,在 0.1 s 至 6 500 s 时间间隔内实现亚飞秒级稳定同步,在两天测试时间内,时钟偏差的长期漂移为峰值 40 fs。经过分析,这种漂移主要由环路外时间验证和相干收发器的非互易光纤路径中的温度变化引起,并不是同步系统自身带来的。在实验中,光信号会受强湍流引起的衰落和活塞噪声影响,且由于湍流和天气造成的路径延迟变化也能达到数百皮秒。在实验中,人为地将路径长度由 1 m 变化到 4 km,结果表明,该系统仍然可以达到飞秒级的同步性能。

1.5 高精度时频传递技术的应用

如此高精度的时钟以及如此高精度的时频传递技术,到底有什么用?当然不会是为了上班打卡更准时,也不会是为了使新闻联播的时间更精确。

光钟有可能成为下一代的秒定义。

《2018 年中国时间频率行业发展现状及发展前景分析》报告指出[5],在物流、信息流高速运转的今天,用于通信、电力、高速交通、物联网等重要领域的时频系统的精度已经达到微秒级,个别领域的需求已经到纳秒级。

通信领域:同步网是通信网必不可少的重要支撑网,是保证网络定时性能的关键。移动通信技术的发展离不开同步技术的支持,载波频率的稳定、上下行时隙的对准、高质量的可靠传送、基站之间的切换、漫游等都需要精确的同步控制。没有良好的同步，数字信息的传递就会不可避免地出现误码、滑码问题，从而导致语音和图像的质量很差。例如，2010年1月，我国采用GPS授时的通信基站由于GPS升级，授时功能受到影响，导致我国沿海多个省份的码分多址（Code Division Multiple Access，CDMA）网络出现大量告警。

电力领域：我国电网已初步建成以超高压输电、大机组和自动化为主要特征的现代化大型电网系统。为保证电网安全、经济运行，各种以计算机技术和通信技术为基础的自动化装置广泛应用，如调度自动化系统、故障录波器、微机继电保护装置、事件顺序记录装置、变电站计算机监控系统、火电厂机组自动控制系统、雷电定位系统等。这些装置的正常运用同样离不开统一的全网时间基准。

高速交通领域：随着高速铁路和地铁、轻轨等城市轨道建设的快速发展，列车处于高速运行和短时间内跨线跨区行驶的状态，这时高精度时间的准确和统一具有非常重要的作用。同样，民航业也在快速发展，飞机飞行密度加大，空管系统对精确时间同步提出了更高的要求。高速交通时间同步系统为运营调度指挥、业务系统设备提供统一的标准时间信息，从而保证飞机、列车的安全高速运行。

广播电视领域：我国正在建设覆盖全国的地面数字电视系统，而各数字电视信号发射系统中的前端复用器、发射站点的调制器等设备都需要精密的时间频率同步，以保障电视节目的图像质量。没有良好的时间频率同步，系统电视信号将会产生干扰，造成接收图像出现滚动条纹、图像内容相互叠加等现象。

物联网领域：时间同步系统是无线传感器网的重要组成部分，传感器数据融合和传感器节点自身定位等都要求节点之间始终保持同步。在无线传感器网应用中，传感器节点之间通常需要协调操作来共同完成一项复杂的传感任务。为了能够正确监测事件发生的次序，传感器节点之间必须实现相对时间同步。例如，在一些火灾监测物联网应用中，事件自身的发生时间是相当重要的参数，这要求每个传感器节点都维持唯一的全局时间，以实现整个网络的时间同步。

1.6 小　结

本章主要阐述了高精度频率传递和时间同步技术的概念、历史发展，分别介绍了基于光纤链路的高精度频率传递技术和基于光纤链路的高精度时间同步技术的主要类型，最后介绍了高精度时频传递技术的应用。

本章参考文献

［1］　中期希腊哲学［EB/OL］.（2020-01-22）［2020-08-03］. https://zhuanlan. zhihu. com/p/103740782.

［2］　NEWTON I. The Mathematical Principles of Natural Philosophy ［M］. Calif：Florian Cajori U of California Press，Berkeley，1729.

［3］　徐灵灵. 均匀引力场中的量子隧穿时间研究［D］. 上海：上海师范大学，2015.

［4］　ESSEN L，PARRY J V L. The Caesium Resonator as a Standard of Frequency and Time［J］. Philosophical Transactions of the Royal Society of London，1957，250（973）：45-69.

［5］　2018 年中国时间频率行业发展现状及发展前景分析［EB/OL］.（2018-01-16）［2020-08-03］. http：//www. chyxx. com/industry/201801/604269. html .

［6］　CHIBA K，HASHI T. An ultra-miniature rubidium frequency standard［C］// Proceedings of the 39th Annual Frequency Control Symposium 1985.［S. l. ］：IEEE，1985：54-58.

［7］　COUPLET C，ROCHAT P，MILETI G，et al. Miniaturized rubidium clocks for space and industrial applications［C］// Proceedings of the 1995 IEEE International Frequency Control Symposium. San Francisco：IEEE，1995：53-59.

[8]   MCCLELLAND T,PASCARU I,SHTAERMAN I,et al. Subminiature rubidium frequency standard：manufacturability and performance results from production units［C］// Proceedings of the 1995 IEEE International Frequency Control Symposium. San Francisco：IEEE, 1995：39-52.

[9]   王义遒,王庆吉,傅济时等. 量子频标原理［M］. 北京：科学出版社,1986.

[10]   BAUCH A. Caesium atomic clocks：function，performance and applications［J］. Measurement Science & Technology,2003,14 (8)：1159-1173.

[11]   BAUCH A,FISCHER B,HEINDORFF T,et al. Performance of the PTB reconstructed primary clock CS1 and an estimate of its current uncertainty［J］. Metrologia,1998,35(6)：829-845.

[12]   PARKER T E. Hydrogen maser ensemble performance and characterization of frequency standards［C］// Proceedings of the 1999 Joint Meeting of the European Frequency and Time Forum and the IEEE International Frequency Control Symposium. Besancon：IEEE, 1999：173-176.

[13]   BUSCA G,AND WANG Q. Time prediction accuracy for a space clock［J］. Metrologia,2003,40(3)：265-269.

[14]   LUDLOW A D,ZELEVINSKY T,CAMPBELL G K,et al. Sr lattice clock at 1×10^{-16} fractional uncertainty by remote optical evaluation with a Ca clock ［J］. Science，2008，319（5871）：1805-1808.

[15]   JIANG Y Y,LUDLOW A D,LEMKE N D,et al. Making optical atomic clocks more stable with 10^{-16} level laser stabilization［J］. Nature Photonics, 2011,5(3)：158-161.

[16]   CHOU C W,HUME D B,KOELEMEIJ J C J,et al. Frequency comparison of two high-accuracy Al^+ optical clocks［J］. Physical Review Letters, 2010,104(7)：070802.

[17] HINKLEY N, SHERMAN J A, PHILLIPS N B, et al. An Atomic clock with 10^{-18} instability [J]. Science, 2013, 341 (6151): 1215-1218.

[18] CAMPBELL S L, HUTSON R B, Marti G E, et al. A Fermi-degenerate three-dimensional optical lattice clock [J]. Science, 2017, 358(6359):90-93.

[19] LIN Y G, WANG Q, LI Y, et al. First evaluation and frequency measurement of the strontium optical lattice clock at NIM [J]. Chinese Physics Letters, 2015, 32(9):090601.

[20] Lee K, Eidson J. IEEE 1588 standard for a precision clock synchronization protocol for networked measurement and control systems [C]//IEEE Sensors for Industry Conference. [S. l]: IEEE, 2002:P8-105.

[21] 张金通. Loran-C 定时精度的分析[J]. 时间频率学报, 1984, 013 (2):67-70.

[22] 王力军. 超高精度时间频率同步及其应用[J]. 物理, 2014, 000 (006):360-363.

[23] IMAE M, HOSOKAWA M, IMAMURA K, et al. Two-way satellite time and frequency transfer networks in Pacific Rim region [J]. IEEE Transactions on Instrumentation & Measurement, 2002, 50(2):559-562.

[24] 刘利. 相对论时间比对理论与高精度时间同步技术[D]. 河南:解放军信息工程大学, 2004.

[25] BAUCH A, ACHKAR J, BIZE S, ET AL. Comparison between frequency standards in Europe and the USA at the 10^{-15} uncertainty level[J]. Metrologia, 2006, 43(1):109-120.

[26] WANG B, GAO C, CHEN W L, et al. Precise and continuous time and frequency synchronisation at the 5×10^{-19} accuracy level[J]. Scientific Reports, 2012, 2:556-560.

[27] JUNG K, SHIN J, KANG J, et al. Frequency comb-based

microwave transfer over fiber with 7×10^{-19} instability using fiber-loop optical-microwave phase detectors[J]. Optics Letters，2014,39(6):1577-1580.

[28] First Tf. Equipex Rmfimeve[EB/OL]. [2020-08-03]. http://first-tf.com/research-innovation/service-activities/equipex-refimeve.

[29] KREHLIK P,SLIWCZYNSKI L,BUCZEK L,et al. Fiber-Optic Joint Time and Frequency Transfer With Active Stabilization of the Propagation Delay[J]. IEEE Transactions on Instrumentation & Measurement，2012,61(10):2844-2851.

[30] HE Y B, ORR B J, BALDWIN K G H, et al. Stable radio-frequency transfer over optical fiber by phase-conjugate frequency mixing[J]. Optics Express，2013, 21(16):18754-18764.

[31] FUJIEDA M, KUMAGAI M, GOTOH T, et al. Ultra-stable frequency dissemination via optical fiber at NICT[J]. IEEE Transactions on Instrumentation and Measurement，2009, 58(4): 1223-1228.

[32] FOREMAN S M,HOLMAN K W,HUDSON D D,et al. Remote transfer of ultrastable frequency references via fiber networks[J]. Review of Scientific Instruments,2007,78(2):021101.

[33] BAI Y, WANG B, ZHU X, et al. Fiber-based multiple-access optical frequency dissemination[J]. Optics Letters，2013,38(17):3333-3335.

[34] FUJIEDA M, KUMAGAI M, GOTOH T, et al. Ultrastable frequency dissemination via optical fiber at NICT[J]. IEEE Transactions on Instrumentation and Measurement，2009,58(4): 1223-1228.

[35] GAO C,WANG B,CHEN W L,et al. Fiber-based multiple-access ultrastable frequency dissemination[J]. Optics Letters，2012,37(22):4690-4692.

[36] HSU M T L,HE Y B,SHADDOCK D A,et al. All-digital radio-

frequency signal distribution via optical fibers［J］. IEEE Photonics Technology Letters，2012，24(12):1015-1017.

[37] NARBONNEAU F，LOURS M，BIZE S，et al. High resolution frequency standard dissemination via optical fiber metropolitan network［J］. Review of Scientific Instruments， 2006， 77 (6):064701.

[38] NING B，DU P，HOU D，et al. Phase fluctuation compensation for long-term transfer of stable radio frequency over fiber link［J］. Optics Express，2012，20(27):28447-28454.

[39] SLIWCZYNSKI L，KREHLIK P，CZUBLA A，et al. Dissemination of time and RF frequency via a stabilized fibre optic link over a distance of 420 km［J］，Metrologia，2013，50(2):133-145.

[40] MIAO J，WANG B，GAO C，et al. Ultra-stable radio frequency dissemination in free space［J］. Review of Scientific Instruments，2013,84(10):104703.

[41] KUMAGAI M，FUJIEDA M，NAGANO S，et al. Stable radio frequency transfer in 114 km urban optical fiber link［J］. Optics Letters，2009,34(19):2949-2951.

[42] SLIWCZYNSKI L，KREHLIK P，BUCZEK L，et al. Fiber optic RF frequency transfer on the distance of 480 km with the active stabilization of the propagation delay［C］// 2012 European Frequency and Time Forum. Gothenburg: IEEE，2013:424-426.

[43] PREDEHL K，GROSCHE G，RAUPACH S M F，et al. A 920-kilometer optical fiber link for frequency metrology at the 19th decimal place［J］. Science，2012,336(6080):441-444.

[44] PINKERT T J，BÖLL O，WILLMANN L，et al. Effect of soil temperature on optical frequency transfer through unidirectional dense-wavelength-division-multiplexing fiber-optic links［J］. Applied Optics，2015,54(4):728-738.

[45] AMY-KLEIN A，LOPEZ O，KEFELIAN F，et al. High-resolution

optical frequency dissemination on a telecommunication network [C]// 2009 Joint Meeting of the European Frequency and Time Forum and the IEEE International Frequency Control Symposium. [S. l.]: IEEE, 2009:813-814.

[46] KEFELIAN F,LOPEZ O,JIANG H F, et al. High-resolution optical frequency dissemination on a telecommunications network with data traffic[J]. Optics Letters, 2009,34(10):1573-1575.

[47] LOPEZ O,CHANTEAU B,BERCY A, et al. Ultra-stable long distance optical frequency distribution using the Internet fiber network and application to high-precision molecular spectroscopy [C]// 21st International Conference on Laser Spectroscopy - Icols 2013. [S. l.]:IEEE, 2013:467.

[48] PREDEHL K,HOLZWARTH R,UDEM T, et al. Ultra precise frequency dissemination across Germany - towards a 900 km optical fiber link from PTB to MPQ[C]// 2009 Conference on Lasers and Electro-Optics and Quantum Electronics and Laser Science Conference. Baltimore: IEEE, 2009:1555-1556.

[49] NEWBURY N R,WILLIAMS P A,SWANN W C. Coherent transfer of an optical carrier over 251 km[J]. Optics Letters, 2007,32(21):3056-3058.

[50] WILLIAMS P A,SWANN W C,NEWBURY N R. High-stability transfer of an optical frequency over long fiber-optic links[J]. Journal of the Optical Society of America B, 2008, 25 (8): 1284-1293.

[51] GROSCHE G,TERRA O,PREDEHL K, et al. Optical frequency transfer via 146 km fiber link with 10^{-19} relative accuracy[J]. Optics Letters, 2009,34(15):2270-2272.

[52] MULLAVEY A J,SLAGMOLEN B J J,SHADDOCK D A, et al. Stable transfer of an optical frequency standard via a 4. 6 km optical fiber[J]. Optics Express, 2010,18(5):5213-5220.

[53] SWANN W C,GIORGETTA F R,SINCLAIR L C,et al. Free-space optical time-frequency transfer over 2 km [C] // 2013 Conference on Lasers and Electro-Optics. San Jose：IEEE，2013.

[54] GROSCHE G,TERRA O,RAUPACH S M F,et al. Frequency dissemination at the 19th decimal place [C] // 2012 European Frequency and Time Forum. Gothemburg：IEEE，2012：422-423.

[55] SCHEDIWY S W,GOZZARD D,BALDWIN K G H,et al. High-precision optical-frequency dissemination on branching optical-fiber networks[J]. Optics Letters，2013,38(15):2893-2896.

[56] LOPEZ O,HABOUCHA A,CHANTEAU B,et al. Ultra-stable long distance optical frequency distribution using the Internet fiber network[J]. Optics Express，2012,20(21):23518-23526.

[57] DROSTE S，OZIMEK F，UDEM T，et al. Optical-frequency transfer over a single-span 1840 km fiber link [J]. Physical Review Letters，2013,111(11):110801.

[58] JUNG K,KIM J. Subfemtosecond synchronization of microwave oscillators with mode-locked Er-fiber lasers[J]. Optics Letters，2012,37(14):2958-2960 .

[59] JUNG K,KIM J. Long-term stable sub-femtosecond synchronization of microwave signals with mode-locked Er-fiber lasers[C] // 2012 IEEE International Frequency Control Symposium. Baltimore：IEEE，2012：1-4.

[60] JUNG K,KIM J. Microwave signal synchronized with a mode-locked Er-fiber laser with ultralow residual phase noise and drift [C] // 2012 Conference on Lasers and Electro-Optics. San Jose：[s. n.]，2012：CTh4A. 5.

[61] JUNG K,SHIN J,KIM J. Ultralow Phase Noise Microwave Generation From Mode-Locked Er-Fiber Lasers With Subfemtosecond Integrated Timing Jitter [J]. IEEE Photonics Journal，2013,5(3):5500906-5500906.

［62］ KIM J, KARTNER F X, PERROTT M H. Femtosecond synchronization of radio frequency signals with optical pulse trains［J］. Optics Letters, 2004, 29(17): 2076-2078.

［63］ KIM T K, SONG Y, JUNG K, et al. Sub-100-as timing jitter optical pulse trains from mode-locked Er-fiber lasers［J］. Optics Letters, 2011, 36(22): 4443-4445.

［64］ MARRA G, SLAVIK R, MARGOLIS H S, et al. High-resolution microwave frequency transfer over an 86-km-long optical fiber network using a mode-locked laser［J］. Optics Letters, 2011, 36(4): 511-513.

［65］ GOLLAPALLI R P, DUAN L. Atmospheric Timing Transfer Using a Femtosecond Frequency Comb［J］. IEEE Photonics Journal, 2010, 2(6): 904-910.

［66］ MARRA G, MARGOLIS H S, RICHARDSON D J. Dissemination of an optical frequency comb over fiber with 3×10^{-18} fractional accuracy ［J］. Optics Express, 2012, 20(2): 1775-1782.

［67］ HOU D, LI P, LIU C, et al. Long-term stable frequency transfer over an urban fiber link using microwave phase stabilization［J］. Optics Express, 2011, 19(2): 506-511.

［68］ 朱少华, 丁小玉, 张宝富, 等. 高精度时间信号的光纤传递［J］. 激光与光电子学进展, 2010, 47(11): 110601.

［69］ GIORGETTA F R, SWANN W C, SINCLAIR L C, et al. Optical two-way time and frequency transfer over free space［J］. Nature Photonics, 2013, 7(6): 434-438..

［70］ PROCHAZKA I, BLAZEJ J, KODET J, et al. Single photons optical two-way time transfer providing picosecond accuracy［C］// 2013 Joint European Frequency and Time Forum & International Frequency Control Symposium (EFTF/IFC). Prague: IEEE, 2013: 86-89.

［71］ JEFFERTS S R, WEISS M A. Two-way time and frequency

transfer using optical fibers ［J］. IEEE Transactions on Instrumentation & Measurement，1997,46(2):209-211.

[72] KREHLIK P,UKASZ LIWĆZYNSKI,BUCZEK U,et al. ELSTAB-fiber optic time and frequency distribution technology-a general characterization and fundamental limits［J］. IEEE Transactions on Ultrasonics Ferroelectrics & Frequency Control, 2016, 63（7）: 993-1004.

[73] DESCHENES J D,SINCLAIR L C,GIORGETTA F R,et al. Synchronization of Distant Optical Clocks at the Femtosecond Level[J]. Physics，2015,16(1):519-530.

第2章
时频信号测试的基础理论

2.1 统计学基础

在实际的通信系统中,被传输的信号对于接收者来说往往是无法事先预知的随机信号,否则信号就失去了传输的价值。另外,通信系统的噪声、信道特性的变化也都具有随机性。这些量无法用一个确定的时间函数来描述,故必须用随机过程理论来分析。

2.1.1 随机过程的定义

随机过程是一类随时间作随机变化的过程,它不能用确切的时间函数表达。随机指的是取值不定,即无法确定某一时刻的值;过程表示其值随时间 t 而变化。

为了更直观地理解随机过程,我们构建 n 台性能完全相同的接收机,在工作条件完全相同的情况下,用测量仪器记录这 n 台接收机的输出噪声,其波形如图2.1所示。可以看到,图中记录了 n 条取值随机起伏变化的时间函数,它们波形各不相同。这表明接收机的噪声随时间的变化是不可预知的。我们把这些对应不同随机试验结果的时间函数的集合称为一个随机过程。其中,每一个记录(即图中每一条曲线)都是一个确定的时间函数 $x_i(t)$,称为随机过程的一个实现(或叫样本函数)。故随机过程就是所有样本函数的集合,记作 $\xi(t) = \{x_1(t), x_2(t), \cdots, x_n(t)\}$。

现在我们关注某一个特定的时刻,可以看到,在任意时刻 t_1,每台接收机的输出噪声值是不同的,且是不可预知的。定义某一固定时刻 t_1 条件下不同样本取值的集合 $\{x_i(t_1), i = 1, 2, \cdots, n\}$ 这样一个随机变量,记为 $\xi(t_1)$。因此,可以认为,随机过程在任意时刻 t_1 的值为一个随机变量,而在时间过程中处于不同时刻的随机变量的集合即为随机过程。

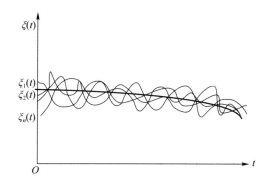

图 2.1 n 台接收机输出噪声变化[1]

2.1.2 随机过程的统计特性

可以用概率论中的分布函数和概率密度函数来描述随机变量的统计特性。可得随机变量 $\xi(t_1)$ 的值小于或等于某一数值 x_1 的概率为 $P\{\xi(t_1) \leqslant x_1\}$,记作

$$F_1(x_1, t_1) = P\{\xi(t_1) \leqslant x_1\} \tag{2.1}$$

其中,$F_1(x_1, t_1)$ 称为随机过程 $\xi(t_1)$ 的一维分布函数。

如果 $F_1(x_1, t_1)$ 对 x_1 的偏导数存在,则有

$$\frac{\partial F_1(x_1, t_1)}{\partial x_1} = f_1(x_1, t_1) \tag{2.2}$$

其中,$f_1(x_1, t_1)$ 称为随机过程 $\xi(t_1)$ 的一维概率密度函数。显然,在大多数情况下,一维分布函数或一维概率密度函数无法描述整个随机过程的统计特性。因此,必须引入随机过程的多维分布函数和多维概率密度函数,对于任意给定的 $t_1, t_2, \cdots, t_n \in T$,$\xi(t)$ 的 n 维分布函数为

$$F_n(x_1, x_2, \cdots, x_n; t_1, t_2, \cdots, t_n) = P\{\xi(t_1) \leqslant x_1, \xi(t_2) \leqslant x_2, \cdots, \xi(t_n) \leqslant x_n\}$$

$$\tag{2.3}$$

若

$$\frac{\partial^n F_n(x_1,x_2,\cdots,x_n;t_1,t_2,\cdots,t_n)}{\partial x_1 \partial x_2 \cdots \partial x_n} = f_n(x_1,x_2,\cdots,x_n;t_1,t_2,\cdots,t_n)$$

(2.4)

存在,则式(2.3)的右部分称为 $\xi(t)$ 的 n 维概率密度函数。显然,n 越大,用分布函数和概率密度函数描述 $\xi(t)$ 的统计特性就越充分。

接下来,我们根据随机变量的数字特征定义得到随机过程的数字特征。

随机过程 $\xi(t)$ 的数学期望(均值)定义为

$$a(t) = E[\xi(t)] = \int_{-\infty}^{\infty} x f_1(x,t)\mathrm{d}x$$

(2.5)

表示随机过程的 n 个样本函数的摆动中心(如图 2.1 中的粗线所示)。

随机过程的方差定义为

$$\sigma^2(t) = D[\xi(t)] = E\{[\xi(t) - a(t)]^2\}$$

(2.6)

又因为

$$D[\xi(t)] = E[\xi^2(t) - 2a(t)\xi(t) + a^2(t)] = E[\xi^2(t)] - 2a(t)E[\xi(t)] + a^2(t)$$

$$= E[\xi^2(t)] - a^2(t) = \int_{-\infty}^{\infty} x^2 f_1(x,t)\mathrm{d}x - [a(t)]^2$$

(2.7)

故方差等于均方值与均值平方之差,它表示 t 时刻随机过程偏离均值的程度。

随机过程的协方差定义为

$$B(t_1,t_2) = E\{[\xi(t_1) - a(t_1)][\xi(t_2) - a(t_2)]\}$$

$$= \int_{-\infty}^{\infty} \int_{-\infty}^{\infty} [x_1 - a(t_1)][x_2 - a(t_2)]f_2(x_1,x_2;t_1,t_2)\mathrm{d}x_1\mathrm{d}x_2$$

(2.8)

其中,$a(t_1)$ 和 $a(t_2)$ 表示 t_1 和 t_2 时刻得到的 $\xi(t)$ 的均值,$f_2(x_1,x_2;t_1,t_2)$ 为 $\xi(t)$ 的二维概率密度函数。

随机过程的相关函数定义为

$$R(t_1,t_2) = E[\xi(t_1)\xi(t_2)] = \int_{-\infty}^{\infty} \int_{-\infty}^{\infty} x_1 x_2 f_2(x_1,x_2;t_1,t_2)\mathrm{d}x_1\mathrm{d}x_2$$

(2.9)

其中,$\xi(t_1)$ 和 $\xi(t_2)$ 分别表示 t_1 和 t_2 时刻观测 $\xi(t)$ 得到的随机变量。

相关函数与协方差函数用来衡量随机过程在任意两个时刻上对应的

随机变量之间的关联程度,有如下关系:

$$B(t_1, t_2) = R(t_1, t_2) - a(t_1)a(t_2) \tag{2.10}$$

显然,若随机过程的均值为 0,则 $B(t_1, t_2) = R(t_1, t_2)$,两者完全相同;若随机过程的均值不为 0,两者所描述的随机过程的特征也是一致的。

当相关函数描述两个或多个随机过程的相关程度时,可记为互相关函数。对于 $\xi(t)$ 与 $\eta(t)$ 两个随机过程,它们的互相关函数定义为

$$R_{\xi\eta}(t_1, t_2) = E[\xi(t_1)\eta(t_2)] \tag{2.11}$$

与之对应地,当相关函数描述同一个随机过程的相关程度时,记为自相关函数。令 $t_2 > t_1$ 且 $\tau = t_2 - t_1$,自相关函数可表示为 $R(t_1, t_2) = R(t_1, t_1 + \tau)$,为 t_1 与 τ 的函数。

2.1.3　平稳随机过程

假设 $\xi(t)$ 是一个随机过程,如果它的统计特性与时间的起点无关,即对于任意的时间平移,随机过程的统计特性不受影响,我们称这样性质的随机过程为严格意义下的平稳随机过程,简称严平稳随机过程。

因此,对于任意正整数 n 和任意实数 Δ,平稳随机过程 $\xi(t)$ 的任意有限维概率密度函数满足

$$f_n(x_1, x_2, \cdots, x_n; t_1, t_2, \cdots, t_n) = f_n(x_1, x_2, \cdots, x_n; t_1 + \Delta, t_2 + \Delta, \cdots, t_n + \Delta) \tag{2.12}$$

当 $n = 1$ 时,一维概率密度函数与时间 t_1 无关,即

$$f_1(x_1, t_1) = f_1(x_1) \tag{2.13}$$

当 $n = 2$ 时,二维概率密度函数只与时间间隔 $\tau = t_2 - t_1$ 有关,即

$$f_2(x_1, x_2; t_1, t_2) = f_2(x_1, x_2; \tau) \tag{2.14}$$

由式(2.13)与式(2.14),平稳随机过程 $\xi(t)$ 的均值和自相关函数可表示为

$$E[\xi(t)] = \int_{-\infty}^{\infty} x_1 f_1(x_1) \mathrm{d}x_1 = a \tag{2.15}$$

$$R(t_1, t_2) = E[\xi(t_1)\xi(t_1 + \tau)] = \int_{-\infty}^{\infty}\int_{-\infty}^{\infty} x_1 x_2 f(x_1, x_2; \tau) \mathrm{d}x_1 x_2 = R(\tau) \tag{2.16}$$

显然,平稳随机过程的数字特征满足以下两个性质。

① 数学期望与时间无关。

② 自相关函数只与时间间隔有关,即

$$R(t_1, t_1 + \tau) = R(\tau) \tag{2.17}$$

把满足以上两个性质的平稳随机过程定义称为广义平稳随机过程。实际上,判断随机过程的平稳性指的就是判断是否满足以上两个条件。可以看出,严平稳随机过程一定是广义平稳的,反之不一定成立。以后除了特殊说明外,讨论随机过程的平稳性指的就是该随机过程是不是广义平稳的。

2.1.4 平稳随机过程的遍历性(各态历经性)

随机过程的数字特征可以用统计平均和时间平均来表述。对随机过程 $\xi(t)$ 某一特定时刻下不同实现的可能取值,用统计方法得出的平均值为统计平均;对随机过程 $\xi(t)$ 的某一特征实现,用数学分析的方法对时间求平均值而得出的值为时间平均。

平稳随机过程在满足一定的条件下,具有遍历性,又称各态历经性。遍历性过程的数字特征(统计平均)完全可以由随机过程中任一实现的时间平均值来代替。也就是说,若平稳随机过程满足式(2.18),则称该平稳随机过程具有各态历经性。

$$\begin{cases} a = \overline{a} \\ R(\tau) = \overline{R(\tau)} \end{cases} \tag{2.18}$$

其中,$\overline{a}, \overline{R(\tau)}$ 分别表示任一实现均值与自相关函数的时间平均,定义如下:

$$\begin{cases} \overline{a} = \overline{x(t)} = \lim_{T \to \infty} \frac{1}{T} \int_{-T/2}^{T/2} x(t) \mathrm{d}t \\ \overline{R(\tau)} = \overline{x(t)x(t+\tau)} = \lim_{T \to \infty} \frac{1}{T} \int_{-T/2}^{T/2} x(t)x(t+\tau) \mathrm{d}t \end{cases} \tag{2.19}$$

对于具有各态历经性的平稳随机过程,求解其各种统计平均(均值或自相关函数)时,只需计算一次实现的时间平均,以代替过程的统计平均,这可以使问题大大简化。

2.1.5 平稳随机过程的自相关函数

平稳随机过程的自相关函数描述了其数字特征,与随机过程的谱特性相关联。所以,在研究平稳随机过程频谱之前,先要对自相关函数的性质有所了解。

对于实平稳随机过程 $\xi(t)$,其自相关函数为

$$R(\tau)=E[\xi(t)\xi(t+\tau)] \tag{2.20}$$

显然当 $\tau=0$ 时,

$$R(0)=E[\xi^2(t)] \tag{2.21}$$

式(2.21)表示 $\xi(t)$ 的平均功率。

平稳随机过程的自相关函数只与时间间隔有关,

$$R(\tau)=E[\xi(t)\xi(t+\tau)]=E[\xi(t)\xi(t-\tau)]=R(-\tau) \tag{2.22}$$

故 $R(\tau)$ 为 τ 的偶函数。

$R(\tau)$ 有上界,

$$|R(\tau)|\leqslant R(0) \tag{2.23}$$

这可由非负式 $E[\xi(t)\pm\xi(t+\tau)]^2\geqslant0$ 证明得来。

当 $\tau\rightarrow\infty$ 时,

$$\lim_{\tau\rightarrow\infty}R(\tau)=\lim_{\tau\rightarrow\infty}E[\xi(t)\xi(t+\tau)]=E[\xi(t)]E[\xi(t+\tau)]=E^2[\xi(t)]$$

$$\tag{2.24}$$

故

$$R(\infty)=E^2[\xi(t)]=a^2 \tag{2.25}$$

表示 $\xi(t)$ 的直流功率。

由式(2.21)至式(2.25)可得

$$R(0)-R(\infty)=\sigma^2 \tag{2.26}$$

其中,σ^2 为方差,表示平稳随机过程的交流功率。

2.1.6 平稳随机过程的功率谱密度

任意确定的功率信号 $f(t)$,它的功率谱密度定义为

$$P_f(f)=\lim_{T\rightarrow\infty}\frac{|F_T(f)|^2}{T} \tag{2.27}$$

其中,$F_T(f)$ 为 $f(t)$ 的截断函数 $f_T(t)$ 的傅立叶变换。

把 $f(t)$ 看作实平稳随机过程 $\xi(t)$ 的任意样本,由于不同的样本函数具有不同的功率谱密度,因此,随机过程的功率谱密度应该看作对所有样

本功率谱密度的统计平均，记为

$$P_\xi(f) = E[P_f(f)] = \lim_{T \to \infty} \frac{E \mid F_T(f) \mid^2}{T} \qquad (2.28)$$

上述定义式容易理解，但不具备实际的计算意义。故我们引入维纳-辛钦（Wiener-Khinchine）定理，用以更好地分析随机过程的功率谱特性。

$$\begin{cases} P_\xi(\omega) = \displaystyle\int_{-\infty}^{\infty} R(\tau) e^{-j\omega\tau} d\tau \\ R(\tau) = \dfrac{1}{2\pi} \displaystyle\int_{-\infty}^{\infty} P_\xi(\omega) e^{j\omega\tau} d\omega \end{cases} \qquad (2.29)$$

$$\begin{cases} P_\xi(f) = \displaystyle\int_{-\infty}^{\infty} R(\tau) e^{-j\omega\tau} d\tau \\ R(\tau) = \displaystyle\int_{-\infty}^{\infty} P_\xi(f) e^{j\omega\tau} df \end{cases} \qquad (2.30)$$

记为

$$R(\tau) \Leftrightarrow P_\xi(f) \qquad (2.31)$$

利用维纳-辛钦定理，我们可以得出以下结论。

① 功率谱密度在整个频域上的积分等于 $R(0)$，所以可以得到平稳过程的平均功率：

$$R(0) = \int_{-\infty}^{\infty} P_\xi(f) df \qquad (2.32)$$

② 各态历经性过程的任意一个样本函数的功率谱密度都等于该过程的功率谱密度。

③ 功率谱密度为非负实偶函数。

2.2　频率稳定度的定义

任何一个时间同步系统都离不开频率标准，不论是保持全系统的时间同步，还是提供标准的频率信号。频率准确度和稳定度是表征频率标准的两个重要指标。频率准确度是指频率标准的实际频率与标称频率的相对偏差，记为 $\Delta = (y_x - y_0)/y_0$，其中，Δ 是频率准确度，y_x 是被测频率标准的实际频率，y_0 是标称频率。频率稳定度用来描述由于标准频率输出受到噪声影响而产生的随机起伏。频率标准的准确度和稳定度的关系如图 2.2 所示。

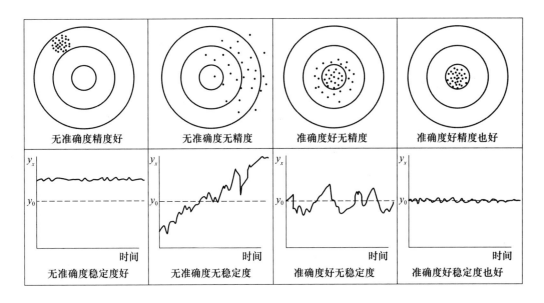

图 2.2　频率标准的准确度和稳定度的关系[2]

频率标准的准确度和稳定度的关系相当于在测量中系统误差和随机误差的关系,准确度相当于系统误差,稳定度相当于随机误差。要减少测量误差应努力减少测量的系统误差和随机误差,对于一个好的频率标准来说,其频率应该又准又稳。

2.3　时域频率稳定度的测试

一个频率标准的输出信号可以表示为

$$V(t) = [V_0 + \varepsilon(t)] \sin[2\pi f_0 t + \varphi(t)] \tag{2.33}$$

其中,V_0 为标称振幅;$\varepsilon(t)$ 为振幅的起伏,对频率标准 $|\varepsilon(t)| \ll V_0$;f_0 是标称频率值或长期平均频率值;$\varphi(t)$ 是相位起伏,对频率标准 $\left|\dfrac{\mathrm{d}\varphi(t)}{\mathrm{d}t}\right| \ll 2\pi f_0$。

由式(2.33)可知,信号的瞬时相位为

$$\phi(t) = 2\pi f_0 t + \varphi(t) \tag{2.34}$$

瞬时角频率是相位的时间导数,即

$$2\pi f(t) = \frac{\mathrm{d}\phi(t)}{\mathrm{d}t} \tag{2.35}$$

因而瞬时频率为

$$f(t) = f_0 + \frac{1}{2\pi}\frac{\mathrm{d}\varphi(t)}{\mathrm{d}t} \tag{2.36}$$

则瞬时相对频率起伏为

$$y(t) = \frac{f(t) - f_0}{f_0} = \frac{1}{2\pi f_0}\frac{\mathrm{d}\varphi(t)}{\mathrm{d}t} \tag{2.37}$$

由噪声引起的瞬时相对频率起伏 $y(t)$ 是随机函数,它正是频率稳定度所要研究的对象。从时间域研究,$y(t)$ 就是频率标准的时域频率稳定度,而从频率域研究,$y(t)$ 就是频率标准的频域频率稳定度。

2.3.1 阿仑方差

为了观察频率标准输出频率的随机起伏,设测量平均频率的取样时间为 τ,两次测量的间隙时间为 $T-\tau$,即测量平均频率的周期为 T,第 i 次测得的平均频率为 f_i,共测量了 N 次。如果频率标准的噪声是正态分布的平稳随机过程,则可用式(2.38)计算频率起伏的标准方差:

$$\sigma^2 = \lim_{N\to\infty}\frac{1}{(N-1)f_0^2}\sum_{i=1}^{N}(f_i - \overline{f})^2 \tag{2.38}$$

平均频率 $\overline{f}$ 用式(2.39)表示:

$$\overline{f} = \lim_{N\to\infty}\frac{1}{N}\sum_{i=1}^{N}f_i \tag{2.39}$$

σ 值的含义是频率标准的输出频率为 $\overline{f} \pm \sigma\overline{f}$ 的概率为 67%。σ 值的大小反映了输出频率的稳定程度,因此,过去一直以输出频率的标准方差作为频率标准时域频率稳定度的定义。

近年来,对频率标准噪声深入研究后发现,频率标准除存在有常见的傅立叶变换频率较高的热噪声和散粒噪声外,还存在着傅立叶变换低频分量很丰富的调频闪烁噪声和频率随机游走噪声。由于它们的存在,使得在用式(2.38)测量标准方差时,测量次数 N 越多,标准方差就越大,理论上当 $N\to\infty$,$\sigma\to\infty$(即 N 增大)时,σ 不是收敛的,而是发散的。这样,就产生了一个问题,用标准方差来描述频率标准的稳定度是不合适的。因为,作为一个有用的统计量,应该是测量次数越多,求出的结果越精确,误差越小。为了解决这一问题,世界各国学者提出了各种频率标准时域频率稳定度的表征方法。目前采用最多的是由美国学者阿仑（D. W. Allan）提出的表征方法，即阿仑方差。

我们可以将阿仑方差看作一个滤波器。若对时间连续的归一化频率偏差信号 $y(t)$ 进行采样，则原本的连续时间信号 $y(t)$ 变成离散时间序列 $\overline{y_i}$，如图 2.3 所示。其中，$\overline{y_i}$ 为对 $y(t)$ 在采样时间 τ 上取平均的结果。

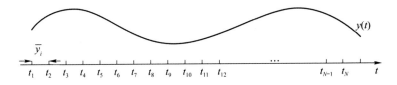

图 2.3　采样序列图

$$\overline{y_i} = \frac{1}{\tau}\int_{t_i}^{t_i+\tau} y(t)\,\mathrm{d}t \tag{2.40}$$

则阿仑方差的定义可由式（2.40）给出。

$$\sigma_y^2(\tau) = \frac{1}{2}\big[(\overline{y_{i+1}} - \overline{y_i})^2\big] \tag{2.41}$$

由此可以看出，阿仑方差的计算过程涉及整个采样序列中相邻样本 $\overline{y_{i+1}}$ 与 $\overline{y_i}$ 的差值。

假设将上述的采样过程与差分过程看成两个线性时不变（Linear Time Invariant，LTI）系统，则线性时不变模型如图 2.4 所示。其中，$h_1(t)$ 为采样相关的 LTI 系统，$h_2(t)$ 为相邻样本差分运算相关的 LTI 系统，采样后得到的离散 $\overline{y_i}$ 序列由以下卷积表达式给出。

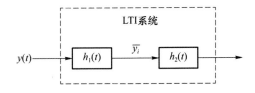

图 2.4　线性时不变系统模型

$$\overline{y_i} = \frac{1}{\tau}\int_{t_i}^{t_i+\tau} y(t)\,\mathrm{d}t = y(t) * h_1(t) = \int_{-\infty}^{+\infty} y(k)h_1(t-k)\,\mathrm{d}k \tag{2.42}$$

其中，$h_1(t)$ 是一个宽度为采样时间 τ，幅值为 $1/\tau$ 的矩形函数，如图 2.5 所示。

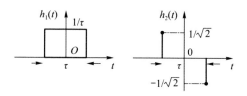

图 2.5　$h_1(t)$ 和 $h_2(t)$ 时域图像

同理,针对采样序列 $\overline{y}_i$ 进行相邻采样差分运算,也可以由卷积表达式 $\overline{y}_i * h_2(t)$ 给出。其中,$h_2(t)$ 由两个极性相反,间隔为 τ 的冲激构成。

因而,在时域上,整体 LTI 系统满足 $h_\tau(t)=h_1(t)*h_2(t)$,如图 2.6 所示。

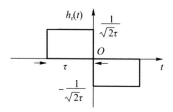

图 2.6　$h_\tau(t)$ 时域图像

当在频域上进行分析时,$h_1(t)$ 和 $h_2(t)$ 系统在频域上的表达式为

$$H_1(f)=\int_{-\infty}^{+\infty} h_1(t)\mathrm{e}^{-\mathrm{j}2\pi ft}\mathrm{d}t = \frac{\sin(\pi ft)}{\pi ft} \tag{2.43}$$

$$H_2(f)=\int_{-\infty}^{+\infty} h_2(t)\mathrm{e}^{-\mathrm{j}2\pi ft}\mathrm{d}t = \sqrt{2}\mathrm{j}\sin(\pi ft) \tag{2.44}$$

因而,整体 LTI 系统在频域上的表达式如下:

$$H_\tau(f)=H_1(f)\cdot H_2(f)=\sqrt{2}j\frac{(\sin(\pi f\tau))^2}{\pi f\tau} \tag{2.45}$$

$$|H_\tau(f)|^2=|H_1(f)\cdot H_2(f)|^2=\frac{2(\sin(\pi f\tau))^4}{(\pi f\tau)^2} \tag{2.46}$$

最终结果如图 2.7 所示,分别从时域和频域上对阿仑方差进行分析,从两个视角上所得到的阿仑方差是等价的,满足帕塞瓦尔(Parseval)定理。

阿仑方差与功率谱密度之间的联系可由式(2.47)表示。

$$\sigma_y^2(\tau)=\int_0^{+\infty} S_y(f)|H_\tau(f)|^2\mathrm{d}f \tag{2.47}$$

其中,$H_\tau(f)$ 为对应的传递函数,其模值的平方表达式如下:

$$|H_\tau(f)|^2 = \frac{2\,(\sin(\pi f \tau))^4}{(\pi f \tau)^2} \qquad (2.48)$$

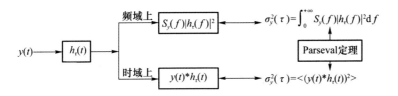

图 2.7 在时域与频域上计算阿仑方差

2.3.2 交叠阿仑方差

Overlapping Allan 方差[3]即交叠阿仑方差,交叠采样可以提高稳定度统计的可信度,减少短期变化量。其采样并不是完全独立的,但是可以增加有效数据的自由度,公式如下:

$$\sigma_y^2(\tau) = \frac{1}{2m^2(M-2m-1)} \sum_{j=1}^{M-2m-1} \sum_{i=j}^{j+M-1} (y_{i+m} - y_i)^2 \qquad (2.49)$$

其中,m 为平均因子。图 2.8 所示为非交叠和交叠采样的比较。

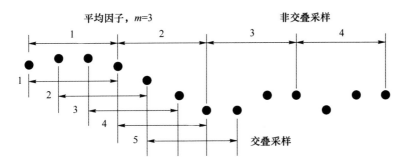

图 2.8 非交叠和交叠采样的比较[4]

2.3.3 修正阿仑方差

Modified Allan 方差[5]即修正阿仑方差,是另一种频率稳定度在时域的测量方法,是在平均时间 $\tau = m\tau_0$ 内 M 组频率测量的估计值,其中,M 是平均因子，τ_0 是基本测量间隔，修正阿仑方差的表达式如下：

$$\mathrm{Mod}\sigma_y^2(\tau) = \frac{1}{2m^4(M-3m+2)} \sum_{j=1}^{M-3m+2} \left\{ \sum_{i=j}^{j+m-1} \left[\sum_{k=i}^{i+m-1} (y_{k+m} - y_k) \right] \right\}^2$$

$$(2.50)$$

NIST 发布的 *Handbook of Frequency Stability Analysis*[4] 指出，交叠采样可以提高稳定度统计的可信度，减少短期变化量。修正阿仑方差采用附加的相位平均运算，可以更好地区分白相位噪声和闪烁相位噪声。

2.3.4　阿仑方差与修正阿仑方差的关系

修正阿仑方差所涉及的计算方式更为复杂，图 2.9 给出了 $\tau = 3\tau_0$ 时的计算示意图。具体的表达式如下：

$$\mathrm{Mod}\sigma_y^2(\tau) = \frac{1}{2(N-3n+2)} \sum_{i=1}^{N-3n+2} \left[\frac{1}{n} \sum_{k=0}^{n-1} (\overline{y}_{i+k\_\mathrm{next},\tau} - \overline{y}_{i+k,\tau}) \right]^2$$

$$(2.51)$$

其中，$\tau = n\tau_0$ 为采样时间，$\overline{y}_{i,\tau}$ 和 $\overline{y}_{i,\tau\_\mathrm{next}}$ 为对应时间尺度上的相邻测量样本。修正阿仑方差与普通阿仑方差不同的是，针对每个时间点 t_i，阿仑方差只计算一次相邻样本差值，而修正阿仑方差计算了 n 次。因而，若用线性时不变系统分析相关计算过程，其所对应的传递函数应与阿仑方差有所区别。

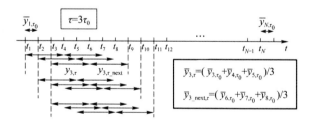

图 2.9　修正阿仑方差计算示意图

同理，将采样与差分运算看成两个线性时不变系统。采样系统 $h_1(t)$ 与先前相同，均为宽度为 τ、幅值为 $1/\tau$ 的矩形函数。而差分系统 $h_2(t)$ 的表达式发生了改变，由于针对每个时间点，因此差分运算次数由原本的 1 变为 n，则此时修正阿仑方差 $h_2(t)$ 的时域图像如图 2.10 所示。

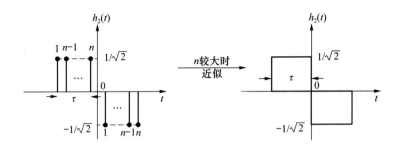

图 2.10　修正阿仑方差 $h_2(t)$ 的时域图像

可以发现,当 n 较大时,$h_2(t)$ 的近似结果与阿仑方差的整体线性时不变系统相同,因而,此时有

$$H_1(f) = \int_{-\infty}^{+\infty} h_1(t)\mathrm{e}^{-\mathrm{j}2\pi ft}\mathrm{d}t = \frac{\sin(\pi f\tau)}{\pi f\tau} \tag{2.52}$$

$$H_2(f) = \int_{-\infty}^{+\infty} h_2(t)\mathrm{e}^{-\mathrm{j}2\pi ft}\mathrm{d}t = \sqrt{2}\mathrm{j}\,\frac{(\sin(\pi f\tau))^2}{\pi f\tau} \tag{2.53}$$

可得修正阿仑方差的传递函数有如下表达式:

$$|H_\tau(f)|^2 = |H_1(f)\cdot H_2(f)|^2 = \frac{2\,(\sin(\pi f\tau))^6}{(\pi f\tau)^4} \tag{2.54}$$

因而,修正阿仑方差的频域表达式如下:

$$\mathrm{Mod}\sigma_y^2(\tau) = \int_0^{+\infty} S_y(f)\cdot\frac{2\,(\sin(\pi f\tau))^6}{(\pi f\tau)^4}\mathrm{d}f \tag{2.55}$$

其中,$S_y(f)$ 为功率谱密度。在以上过程中,对 $H_2(f)$ 的求解利用的是图像法,严格的数学表达式应由式(2.56)给出,感兴趣的读者可以自行验证。

$$H_2(f) = \lim_{n\to+\infty}\sum_{k=-\frac{n}{2}}^{k=\frac{n}{2}}\sqrt{2}\mathrm{j}\sin(\pi fn\tau_0)\cdot\mathrm{e}^{-\mathrm{j}2\pi fk\tau_0} = \sqrt{2}\mathrm{j}\,\frac{(\sin(\pi f\tau))^2}{\pi f\tau}$$

$$\tag{2.56}$$

2.4　频域频率稳定度的测试

频域频率稳定度有多种不同的定义表征方式,如频率起伏谱密度、相位起伏谱密度、相对频率起伏谱密度和单边带相位噪声等,近来更趋向于用单边带相位噪声来描述频率标准的频域频率稳定度。

单边带相位噪声是指在偏离载频傅立叶频率 f 处,1 Hz 带宽相位噪声调制单边带功率与载波功率之比,单位为 dBc/Hz,所表征的是频率标准输出的标准频率信号附近的相位噪声的分布情况。

下面重点阐述在高精度频率传递系统探测过程中如何表征单边带相位噪声。在利用光纤进行高精度频率传递探测过程中,各种各样的噪声会影响传递信号的质量,引起抖动。这些附加的相位抖动必须被检测,然后进行补偿。在相位抖动检测过程中,噪声源的光学或电子来源引入的附加相位抖动会限制频率传递稳定度。这些噪声源包括热噪声(Johnson 噪声)、散粒(散弹)噪声、放大器闪烁(1/f)噪声、幅度-相位转换噪声,存在于光电检测、放大、混频过程中。一般在光输入信号强度低时,热噪声和放大器噪声占主要地位;光输入信号强度高时,散粒噪声和幅度-相位转换噪声占主要地位。以上四种噪声如图 2.11 所示。

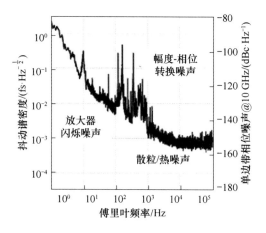

图 2.11　抖动谱密度和单边带相位噪声谱[6]

图 2.11 给出了钛宝石飞秒激光器的重复频率的高次谐波 10 GHz 的残留噪声谱。测量方法是将激光光束分成两个部分,分别入射到两个光电探测器上,然后在射频段进行位相比较,以此测量相位噪声谱密度。用这种方法,可以测量出与微波的检测、放大、脉冲重复频率混频相关的附加噪声(也就是光电探测器噪声),而不是光脉冲序列内在的相位噪声。

基本上,相位误差的检测受限于热噪声和散粒噪声。下面介绍相位噪声的基本概念并给出典型激光器相位噪声检测系统极限的例子。在

1 Hz 带宽内，流过系统电阻的电流的热抖动的单边带相位噪声如下：

$$L_\phi^{\text{thermal}}(f) = \frac{kTR}{2V_0^2} \propto \frac{1}{P_{\text{rf}}} \propto \frac{1}{P_{\text{opt}}^2} \tag{2.57}$$

其中，k 是波尔兹曼常数，T 是系统温度，R 是系统特征阻抗，V_0 是载波信号的均方根电压，P_{rf} 是射频载波的功率，P_{opt} 是光电探测器的入射功率。在室温，$R = 50\ \Omega$ 的情况下，热噪声的相位噪声谱密度的限制如下：

$$L_\phi^{\text{thermal}}(f) = (-177 - P_{\text{rf}})\ (\text{dBc/Hz}) \tag{2.58}$$

其中，P_{rf} 的单位是 dBm。一个与时间无关的光源入射到光电探测上，由散粒噪声引起的 1 Hz 带宽内的相位噪声如下：

$$L_\phi^{\text{thot}}(f) = \frac{e i_{\text{avg}} R}{P_{\text{rf}}} \propto \frac{P_{\text{opt}}}{P_{\text{rf}}} \propto \frac{1}{P_{\text{opt}}} \tag{2.59}$$

其中，e 是基本电荷，i_{avg} 是由 P_{opt} 产生的平均直流光电流。当脉冲入射到光电探测器上时，与时间无关的光源假设是无效的。但是由式（2.59）得出的结果对光电流和散弹噪声的时间平均来说，实际上仍然有效。值得注意的是，P_{rf} 与 P_{opt} 的平方成比例，L_φ^{thot} 随着 $1/P_{\text{out}}^2$ 下降，而 $L_\varphi^{\text{thermal}}$ 随着 $1/P_{\text{out}}^2$ 下降。这个结果表明，在小于某一个特定光功率时，热噪声起主要作用，而当超过某一个特定的光功率时，散粒噪声将占主要地位，如图 2.12 所示。

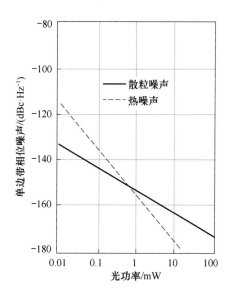

图 2.12　热噪声和散粒噪声单边带相位噪声随光功率的变化[6]

2.5 实验技术

2.5.1 相位噪声测量方法

在频域中,常用的相位噪声测量方法[7]主要有直接频谱仪法、相位检波器法、鉴频器法和差拍计数器法等。不同场合对相位噪声的要求不同,测量方法也有所不同。

1. 直接频谱仪法

典型的相位噪声测量可以由专业相位噪声测试系统完成,但这些专业设备的价格相当昂贵,而频谱分析仪或者新一代的信号分析仪是相对常用的仪器,对于一些相位噪声指标要求不是很严格的场合,可以用信号/频谱分析仪进行相位噪声指标的测量。

通过谱分析进行相位噪声测量的方法称为直接频谱仪法。该方法不仅能在分析仪上直接显示相位噪声的测量值,而且可以同时准确地显示是否有其他离散信号,具有简单、灵活易用的特点。

（1）基本原理

谱分析仪法分析相位噪声有两种情况。

第一,被测信号直接加到分析仪的射频输入口后,由分析仪直接进行分析测量,如图 2.13(a)所示。

第二,将被测信号与相位噪声指标更好的参考信号进行混频,得到一个合适中频信号,再由分析仪对这一中频信号进行分析,如图 2.13(b)所示。

直接频谱仪法要求频谱仪具有低噪声、高动态范围和低分辨带宽等特性。在图 2.13(b)中,还要求参考源的相位噪声应比被测源的相位噪声低 10 dB 以上,否则,应考虑参考源对测量结果的影响。

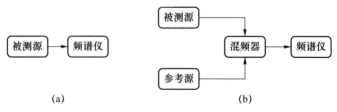

图 2.13　直接频谱仪法的基本原理框图

（2）测量过程

用谱分析仪法测量相位噪声分 3 步进行。

a. 测量载波功率 P_c（单位为 dBm）。

b. 测量偏移载波频率 f 处 1 Hz 等效噪声带宽内边带功率 P_m。

c. 计算各傅氏频率点处的相位噪声。

$$\mathcal{L}(f) = P_m - P_c - 10\log B_n + C \tag{2.60}$$

其中，B_n 是频谱仪的等效噪声带宽（Hz），C 是频谱仪测量随机噪声的修正值（dB）。步骤 b 根据步骤 c 的结果做对数频率坐标下的相位噪声谱图（$\mathcal{L}(f)$-f 曲线图）。

（3）特点

这种方法优势在于测试设置简单、快捷、操作容易，频率偏移范围大，可以直接测量微波及毫米波源的近载频相位噪声。但这种方法目前仍受频谱仪性能（动态范围、自身噪声、最小分辨带宽等）的限制，不能直接测量频谱纯净的源（高稳晶振、原子频标等）的相位噪声，就是对于微波、毫米波源也往往不能测量其远离载频的相位噪声，也无法区分调幅噪声和相位噪声，所以无法测量调幅噪声严重的源。

2. 相位检波器法

通过使用相位检波器获得相位噪声的方法称为相位检波器法，又称为鉴相法。相位检波器将所测信号的相位起伏变换为电压起伏，用频谱仪测量相位起伏谱密度，再由相位起伏谱密度得到相位噪声。该方法既可以测量频率源的相位噪声，也可以测量频率控制器件的附加相位噪声，应用广泛。

（1）基本原理

相位检波器法的基本原理如图 2.14 所示。

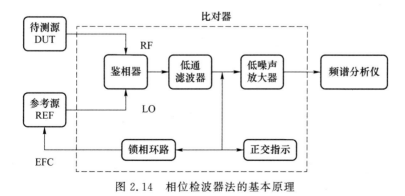

图 2.14　相位检波器法的基本原理

相位检波器的两个输入信号(分别作为待测信号与参考信号)的频率相等,相位相差 90°,即同频正交。经检相器(检相器作用相当于乘法器)后,频率部分包含和频与差频,经低通滤波器滤除和频后,其相位变化转化为电压变化,即可经频谱仪测得待测源的相位起伏谱密度。当剩余差拍信号的相位起伏足够小时,可由相位起伏谱密度测得待测源的相位噪声。

基于此原理,对其中各个器件有也所要求。

① 检相器的频率范围要足够宽,可以覆盖待测源的分析频率,且在该频率范围内噪声低,频率响应度平坦。

② 低通滤波器频率选择应避开输入信号频率与检相器输出的和频信号。

③ 参考源要具有可调节的输出频率,相比待测频率源,要有足够低的相位噪声。

(2) 测量过程

① 将两个同频正交的信号送入检相器进行定标,以确定待测源的相位起伏与检相器输出电压之间的关系(当相位起伏足够小时,两者存在正比关系,检相灵敏度系数设为 K_ϕ)。

当待测信号与参考信号同频正交时,两者的拍频信号经检相器、低通滤波器后的输出信号为

$$\Delta U(t) = \frac{1}{2} K U_r U_s \cos\left[\phi_s(t) - \phi_r(t) - 90°\right] = \frac{1}{2} K U_r U_s \sin\left[\phi_s(t) - \phi_r(t)\right]$$

$$= \frac{1}{2} K U_r U_s \sin \Delta\phi(t) = K_\phi \sin \Delta\phi(t) \tag{2.61}$$

其中,U_r、U_s 分别对应于参考源与待测源的信号幅度,$\phi_r(t)$、$\phi_s(t)$ 分别对应于参考源与待测源的相位起伏。

当 $\Delta\phi \ll 1$ rad 时(即满足小角度条件时),

$$\Delta U(t) \approx K_\phi \Delta\phi(t) \tag{2.62}$$

而对于检相灵敏度系数 K_ϕ 的测定,根据检相器在差拍工作状态下的输出波形是否为纯正弦波可将定标方法分为差拍法和测差频的过零点斜率法。

a. 差拍法:在输出波形为纯正弦波的情况下,断开图 2.14 中的锁相环路部分,在检相器输入端接入一个衰减量为 A 的定标衰减器,调整待测

源或参考源,使得其中一个产生频偏,最终用频谱仪测量由检相器、低通滤波器(Low Pass Filter,LPF)得到的拍频信号 f_b 对应的有效值电压 U_{brms},则由此得到检相灵敏度。

$$K_\phi = \sqrt{2} U_{brms} \cdot A \qquad (2.63)$$

b. 测差频 f_b 的过零点斜率法:当输出为失真正弦波时,在正交指示输入端测差拍信号过零点的斜率即为 K_ϕ;当输出为三角波时,则用频谱分析仪测差拍信号的基波和各次谐波,从而确定 K_ϕ。

$$U_h(t) = A\sin \omega_0 t + B\sin 3\omega_0 t + C\sin 5\omega_0 t + \cdots \qquad (2.64)$$

$$K_\phi = A - 3B + 5C \qquad (2.65)$$

② 确定检相灵敏度后,恢复图 2.14 相位检波器法测量相位噪声,通过观察正交指示确定两输入信号是否处于同频正交状态,若相差满足 $90°$,则此时正交指示(电压表)显示直流电压为零,若不为零,则需要调节锁相环路使之为零。

确定两输入信号正交锁定后,即可使信号经低噪声放大器与频谱分析仪,从而得噪声边带的噪声功率 P_m。

$$P_m = \Delta U_{rms}^2 \qquad (2.66)$$

其中,ΔU_{rms} 指经低噪声放大器放大后的边带噪声电压。

③ 修正测量结果。

通过对噪声等效带宽($B_n = 1.2 B_w$,其中 B_w 指频谱仪面板给出的 3 dB 带宽)、频谱仪测量随机噪声值修正(模拟频谱仪的 $C=2.5$ dB。数字频谱仪的 $C=0$ dB),可得相位起伏谱密度。

$$S_\phi(f) = P_m - 20\log U_{brms} - 10\log B_n - A - 3 + C \qquad (2.67)$$

在小角度调制情况下,待测源的相位噪声为

$$\mathcal{L}(f) = P_m - 20\log U_{brms} - 10\log B_n - A - 6 + C \qquad (2.68)$$

(3) 特点

该方法的优势在于灵敏度高、可测量分析的频率范围宽、测量准确度也相对较高,对调幅噪声具有抑制作用,可区分调幅与相位噪声,可用于测量高稳定、低噪声的精密频率源。但这种方法测量过程相对复杂,要求两输入信号严格正交,参考源具有低的相位噪声和可调的输出频率,且只有当差拍信号相位起伏足够小时才可由相位起伏谱密度得到待测源的相位噪声。

3. 鉴频器法

鉴频器法同鉴相法相类似,是将所测信号的频率起伏变换为电压起伏,用频谱仪测量相位起伏谱密度,在满足小角度条件时由相位起伏谱密度得到相位噪声。相比鉴相法,鉴频器无须使用参考源,所以又称无源法或单源法。

(1)基本原理

鉴频器法的基本原理如图 2.15 所示。鉴频器法的主要器件为延迟线与移相器,从功分器输出两路信号:一路经延迟线,使得被测源的频率起伏转换为相位起伏;另一路经移相器作用,使得输入检相器的两路信号正交(相差 90°)。两正交信号经检相器转换为电压起伏、低通滤波器滤除和频、低噪声放大差拍信号后进入频谱仪,此时可测量其相位起伏谱密度,当相位起伏满足小角度条件时可得被测源的单边带相位噪声。

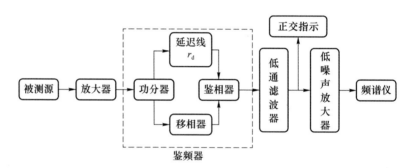

图 2.15　延迟线鉴频器法的基本原理

(2)测量过程

① 定标,即确定待测源的频率起伏与检相器输出电压之间的关系(鉴频常数设为 K_d)。此时需要用一个已知调频的校准源替代被测源,从而通过将调制频率和幅度已知的信号输入鉴频器系统(包括鉴频器、低通滤波器、低噪声放大器),建立输入与输出之间的关系。由此,可以获得鉴频系数,其原理图如图 2.16 所示。

图 2.16　校准测量原理图[7]

调频输入为 P_{ca}（载波功率为 P_c，调制系数为 m_f，峰值频偏为 Δf_{mpk}），且输入为小角度调制（$m_f \leqslant 0.2\,\mathrm{rad}$），则此时由调制理论可得

$$\frac{P_{ca}}{P_c} = \frac{m_f^2}{4} = \frac{1}{4} \cdot \frac{\Delta f_{mpk}^2}{f_m^2} \tag{2.69}$$

并由此可得

$$K_d = \frac{\Delta V_{m_{rms}}}{\Delta f_{m_{rms}}} = \frac{\Delta V_{m_{rms}}}{\Delta f_{mpk}/\sqrt{2}} \tag{2.70}$$

$$K_d^2 = \frac{\Delta V_{m_{rms}}^2}{\frac{1}{2}\Delta f_{mpk}^2} = 2 \cdot \frac{\Delta V_{m_{rms}}^2}{\Delta f_{mpk}^2} = 2 \cdot \frac{P_{SSB}}{\Delta f_{mpk}^2} \tag{2.71}$$

所以由输出响应和频偏可得到鉴频常数 K_d。

② 确定鉴频系数后，将已知调频的校准源重新替换为被测源，即恢复图 2.15，通过观察正交指示确定信号是否处于正交状态，若正交指示为零，则继续下一步，若不为零，则调节移相器使之为零。

③ 确定同频正交后，使得拍频信号经检相器输出 $\Delta V_{rms}(f) = k_\phi 2\pi\tau_d \Delta f \frac{\sin \pi f\tau_d}{\pi f\tau_d}$。

当 $\Delta\phi \ll 1\,\mathrm{rad}$，$f \leqslant 1/2\pi\tau_d$ 时，

$$\Delta V_{rms}(f) = k_\phi 2\pi\tau_d \Delta f \tag{2.72}$$

其中，Δf 对应于被测源的频率起伏，此信号经低通滤波器、低噪声放大器与频谱分析仪后，可得频率起伏谱密度：

$$S_{\Delta f}(f) = \frac{\Delta f_{rms}^2(f)}{B_n} = \frac{\Delta V_{rms}^2(f)}{B_n K_d^2}(\mathrm{Hz}^2/\mathrm{Hz}) \tag{2.73}$$

$$K_d = K_\phi \cdot 2\pi\tau_d \tag{2.74}$$

$$f \leqslant 1/2\pi\tau_d \tag{2.75}$$

在小角度调制情况下，待测源的相位噪声为

$$\mathcal{L}(f) = \frac{1}{2}S_\phi(f) = \frac{1}{2f^2}S_{\Delta f}(f) = \frac{1}{2f^2}\frac{\Delta V_{rms}^2(f)}{B_n K_d^2} = \frac{1}{2f^2(2\pi\tau_d)^2} \cdot \frac{\Delta V_{rms}^2(f)}{B_n K_\phi^2} \tag{2.76}$$

（3）特点

该方法无须使用参考源，对调幅噪声具有抑制作用，可以区分调幅与相位噪声。而且，该方法在近载频处灵敏度低，较长的延迟线可提高灵敏度。但较长的延迟线存在两方面的问题：一方面，较长的延迟线会导致较

大的插入损耗,可能超过信号源功率,并且无法进一步改进;另一方面,较长的延迟线会限制可测得的最大偏置频率。理论分析发现,当延迟线的衰减处于4～16 dB时,系统可获得较高的灵敏度,且在这段范围内的灵敏度呈现先上升后下降的趋势,当延迟线衰减量为 8.7 dB 时,可获得最大的系统灵敏度。此外,该方法只有在频率起伏很小(满足小角度调制条件)时,才可由频率起伏谱密度得到被测源的相位噪声。

4. 差拍计数器法

如图 2.17 所示,差拍计数器法是一种时域分析法,适用于测量精密频率源的近载波相位噪声,所以可用于要求高精度的数字通信系统和导航系统中。

图 2.17　差拍计数器法原理图

(1)基本原理

差拍计数器法采用时域测量阿仑方差的方法,通过计算机进行时频域转换得到相位噪声[7-8]。

(2)测量过程

将被测源和参考源送入混频器中,得到相对频偏 f_b,再经低通滤波器与限幅放大器,得到放大的差拍信号(方波信号),该信号通过时间间隔计数器可得到一组数据,然后通过计算机内部处理可进行时域、频域转换,从而得到相位噪声。

(3)特点

这种方法的主要优点:可测频率范围宽,被测频率可达 18 GHz,甚至达到毫米波频段;被测源近载频(频差＜100 Hz)时灵敏度高,测量准确度好。

这种方法的缺点:需要配备与被测源存在较小频差(＜100 Hz)的参考源,因此,这种方法限制了对合成器信号源的测量,适合于近载频、高幂次相位噪声的测量。

2.5.2　锁相环

1. 锁相环技术的发展

锁相环(Phase Locked Loop,PLL)是一个同步电路系统[9],它将压控振荡器输出的信号锁定在标准频率参考信号上,使它们同频同相。

法国工程师 H. deBelleseize 在 20 世纪 30 年代发表了同步检波理论[10],最早提出了有关锁相环的概念。到 20 世纪 40 年代,锁相环技术首次应用在工业领域,实现了电视垂直扫描和水平扫描的同步[11]。在此应用中,锁相环技术能够较好地减小噪声的影响,大大地提高电视图像的同步性能。在 20 世纪 50 年代,人们使用彩色电视机,这就需要解决彩色电视机与黑白电视机兼容性的问题。人们将锁相环技术应用在彩色电视机接收端色度信号的相干解调电路中,解决了与黑白电视机不兼容的问题。

随着集成电路的发展,锁相环技术得到更广泛的关注,人们不再使用分立器件,而使用集成电路实现锁相环功能。最初的集成锁相环为线性锁相环(Line PLL,LPLL),只能实现单一频率输出,而不能对输出频率进行太多地调节。

而后数字电路技术出现,锁相环技术也随之发展,出现了数字模拟混合型锁相环。这种锁相环通过使用异或门电路或 JK 触发器电路等数字逻辑电路[12]来实现鉴相器的功能,其余部分仍为模拟电路,被称为电荷泵锁相环(Charge Pump PLL,CPPLL)。时至今日,电荷泵锁相环依旧有着极其广泛的应用[13-14]。

此后,又出现了全数字锁相环(All Digital PLL,ADPLL),其鉴相器使用数字逻辑电路实现,环路滤波器使用数字滤波器,而压控振荡器也被数字振荡器代替,因此电路中不再有电容、电阻等无源器件。

近年来,出现了使用纯软件编程实现的软件锁相环(Software PLL,SPLL)[15-17],其优势在于具有较强的可移植性和灵活性。

2. 锁相环电路结构分析

本节将对锁相环的电路结构进行详尽的分析,锁相环电路是一个相位伺服系统,最核心的三个组成部分是鉴相器、环路滤波器以及压控振荡器,其基本原理组成框图如图 2.18 所示。

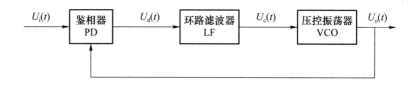

图 2.18 锁相环电路基本原理组成框图

鉴相器又叫相位比较器,能够鉴别两输入信号 $U_i(t)$ 和 $U_o(t)$ 的相位差,并转化为误差信号 $U_d(t)$ 输出到下一级。在通常情况下,相位差与误差信号是正向比例关系[18-19]。

环路滤波器通常为一组低通滤波器,可以设计成无源 RC 滤波器,也可以根据需求加入运算放大器,从而搭建为有源滤波器。其主要功能是滤除上一级产生的误差信号 $U_d(t)$ 中的高频分量和噪声[20],生成只保留低频和直流分量的控制信号 $U_c(t)$,保证系统的性能,提高锁相环系统锁定的稳定性[21]。

压控振荡器是输出频率与输入控制电压存在比例关系的振荡电路,在整个锁相环系统中,起到了转化电压信号和频率信号的作用。根据控制信号 $U_c(t)$ 产生相应的频率偏移,逐渐缩小输出信号 $U_o(t)$ 与标准频率参考信号 $U_i(t)$ 之间的频差[22],最终频差为零,二者之间的相位差也会始终保持在一个固定值上。在无外界干扰的情况下,鉴相器的输出经过环路滤波器后,就会产生恒定的控制信号,输入到压控振荡器中便会输出恒定频率信号,此时,系统进入到一种"锁定状态"[23-24]。

3. 锁相环电路相位模型分析

将图 2.18 中锁相环电路的三个主要部分——压控振荡器、环路滤波器和鉴相器——构建为图 2.19 所示的相位模型,以此进行分析。

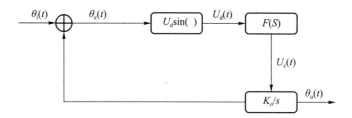

图 2.19 锁相环电路相位模型

如图 2.19 所示,本节以正弦形鉴相器为例建立数学模型并进行理论分析。以最简单的正弦信号为例分析鉴相器的数学模型,如式(2.77)所示。

$$U_{\mathrm{d}}(t)=U_{\mathrm{d}}\sin\theta_{\mathrm{e}}(t)=U_{\mathrm{d}}\sin(\theta_{1}(t)-\theta_{2}(t)) \tag{2.77}$$

其中,$\theta_{1}(t)=\Delta\omega_{\mathrm{o}}t+\theta_{i}(t)$,$\theta_{2}(t)=\theta_{\mathrm{o}}(t)$。当两输入信号的相位差较小时,可用线性模型表示鉴相器,如式(2.78)所示。

$$U_{\mathrm{d}}(t)\approx U_{\mathrm{d}}\theta_{\mathrm{e}}(t) \tag{2.78}$$

环路滤波器由线性器件构成,以 $F(S)$ 表示其传输函数,如式(2.79)所示。

$$U_{\mathrm{c}}(s)=U_{\mathrm{d}}(s)\cdot F(S) \tag{2.79}$$

压控振荡器输出电压信号与输入控制信号存在线性关系,如式(2.80)所示。

$$\omega_{\mathrm{o}}(t)=\omega_{\mathrm{o}}+k_{\mathrm{o}}U_{\mathrm{c}}(t) \tag{2.80}$$

将其转换成为复频域表示,如式(2.81)所示。

$$\theta_{\mathrm{o}}(s)=k_{\mathrm{o}}\frac{U_{\mathrm{c}}(s)}{s} \tag{2.81}$$

根据锁相环电路各个核心部分的相位模型,鉴相器模型见式(2.77),环路滤波器模型见式(2.79),压控振荡器模型见式(2.81)所示,可以整理得到锁相环电路的相位模型,如式(2.82)所示。

$$\theta_{\mathrm{e}}(t)=\theta_{1}(t)-U_{\mathrm{d}}k_{\mathrm{o}}\frac{F(p)}{p}\sin\theta_{\mathrm{e}}(t) \tag{2.82}$$

将其转化成动态方程,如式(2.83)所示。

$$p\theta_{\mathrm{e}}(t)=p\theta_{1}(t)-U_{\mathrm{d}}k_{\mathrm{o}}F(p)\sin\theta_{\mathrm{e}}(t) \tag{2.83}$$

其中,p 是微分算子,表示为 $p=d/dt$,$F(p)$ 表示传输算子。

$\theta_{\mathrm{e}}(t)=\theta_{1}(t)-\theta_{2}(t)$,$p\theta_{\mathrm{e}}(t)$ 表示环路的瞬时频差,如式(2.84)所示。

$$p\theta_{\mathrm{e}}(t)=\omega_{i}-\omega_{\mathrm{o}}(t) \tag{2.84}$$

同样,根据公式 $\theta_{1}(t)=\Delta\omega_{\mathrm{o}}t+\theta_{i}(t)$,其中 $\theta_{i}(t)$ 一般为常数,所以用 $p\theta_{1}(t)$ 来表示环路的固有频差,如式(2.85)所示。

$$p\theta_{1}(t)=\Delta\omega_{\mathrm{o}}=\omega_{i}-\omega_{\mathrm{o}} \tag{2.85}$$

根据式(2.80)和式(2.81)可知,

$$p\theta_{2}(t)=U_{\mathrm{d}}k_{\mathrm{o}}F(p)\sin\theta_{\mathrm{e}}(t)=\omega_{\mathrm{o}}(t)-\omega_{\mathrm{o}} \tag{2.86}$$

式(2.86)为控制频差表达式,即压控振荡器输出的瞬时角频率与其固有振荡角频率之差。将式(2.84)式(2.85)式(2.86)分别代入式(2.83)

中,得到闭环状态下锁相环状态方程,如式(2.87)所示。

$$\text{瞬时频差} = \text{固有频差} - \text{控制频差} \qquad (2.87)$$

锁定开始时,无控制信号,瞬时频差＝固有频差;在捕获过程中,控制频差逐渐增大,瞬时频差逐渐减小;锁定后,瞬时频差减小为零,此时有固有频差＝控制频差,锁定后的稳态相差可由式(2.88)表示。

$$\theta_e(\infty) = \arcsin \frac{\Delta \omega_o}{U_d k_o F(j0)} \qquad (2.88)$$

2.6　时间信号测试的基础理论

2.6.1　时间和时间标准

时间是物质的运动、变化的连续性、顺序性的表现。人们通常所说的"时间"概念有两种含义:一种含义指的是时刻,即从一个已定义历元开始的时间消逝的量,表示一个事件是什么时候发生的;另一种含义指的是时间间隔,即两个时刻之间的间隔大小,表示一个事件发生的持续时间[25]。例如,经过近 8 天飞行,北斗全球导航系统最后一颗组网卫星于 6 月 30 日 14 时 15 分成功定点于距离地球 36 000 km 的地球同步轨道。在上句话的描述中,飞行时间代表的是时间间隔,定点时间代表的是时刻。时刻与时间间隔的概念相互联系,不可分割。

人们能感觉到时间是因为太阳的东升西落和地球的公转,这使人们有了白天和黑夜,有了一年四季寒暑之分。在远古时代,人们已将时间与地球上看到的太阳视运动相联系,得到了时间单位"日",计时工具日晷就是以日为时间单位的体现。随着历史的发展,人们的计时仪器的精度在不断提高。宋朝时期我国天文学家苏颂等人发明水运仪象台,其每天的计时误差小于 100 s;1675 年荷兰科学家惠更斯利用单摆周期稳定原理制成世界第一台摆钟,其每天计时误差为 10 s 左右;1759 年英国哈里森制成精密航海钟,其每天计时误差降到 0.1 s 以下;1920 年英国肖特设计双摆天文摆钟,其每天计时误差更是降到了 1 ms。计时仪器的发展也促使时间单位向更小细分,出现秒甚至比秒更小的时间单位。

在生产力相对落后的时代,人们的活动都局限在一个很小的范围内,因此,各国使用的时间(地方时)并不统一。随着资本主义和生产力的发展,这种情况为各国的交往造成极大的不便。为了解决国与国之间时间的统一问题,1884 年召开了国际子午线会议,会议决定以英国伦敦格林尼治天文台子午仪所处的子午线作为全球经度的起算点,并定义其经度为 0°。而将在经度 0°测得的时间作为标准时,并定义每隔 15°经度跨越地区的地方时为区时,这样全球就被划分为 24 个时区,相邻时区的时间相差 1 小时整。同时,将日期的变更线定义在了 180°经线处,表示每一个新日期从此开始,日期变更线两侧的日期相差 1 天。目前,世界上绝大多数国家采用的都是上述定义的区时,各国时间与标准时相差为 1 小时的整数倍[25]。

由于人类生活周期的影响与科学技术的限制,长期以来,人们认为地球自转周期是十分稳定的,使用的时间标准也一直与地球的自转周期相对应,这就是世界时。但随着石英钟的出现,人们证实了地球自转的不稳定性,这动摇了其作为时间标准参照物的地位。人们不断提高石英钟的稳定性,以寻找周期更稳定的天体运动作为参照物,原子钟的发明等更是进一步提高了人们对于时间的认识,除了世界时外,原子时、协调世界时等更多的时间标准出现,迎来了时间标准的一系列变革。

2.6.2　时间同步误差的测试

在医疗、航空航天、电子行业等许多领域中,时间上的微小误差就可能导致系统各设备之间的协同与生产受到严重的影响。例如,对于导航过程,定位通过分布在各处的很多测量设备协同来实施,它们之间的时间同步误差将表现为测量距离的误差,最后导致定位精度大受影响。因此,对于一个时间统一系统,时间同步误差是最基本也是最关键的要求。时间同步误差可以分为绝对时间同步误差和相对时间同步误差。前者是指时间统一系统内时间与时间基准的偏差;后者表示系统内部各站之间的同步误差。在很多场合中,如导弹、航天试射等,由于系统自身机理,相对时间误差对测量误差的影响起主要作用。

导弹试验对时间同步误差的要求一般为 $10^{-5} \sim 10^{-4}$ s 量级,航天实验对时间同步误差的要求一般为 $10^{-4} \sim 10^{-3}$ s 量级。一些特殊的测量设备对时间同步误差的要求甚至高达 10^{-8} s 量级。

2.6.3　时间信号一致性的测试

时间信号是时间同步系统中最重要的技术指标。时间同步误差是指时间同步系统中秒信号的时间同步误差。根据国际惯例,时间同步误差符号的定义:当被测秒信号滞后参考秒信号时,记为"+";反之,当被测秒信号超前参考秒信号时,记为"−"[25]。

通常,时间同步误差用时间间隔计数器(Time Interval Counter,TIC)来测量。以参考秒信号作为开门信号,而被测秒信号作为关门信号。当被测秒信号滞后参考秒信号时,时间间隔计数器显示的即为时间同步误差的值,而当被测秒信号超前参考秒信号时,时间间隔计数器显示的是 $1 - |$时间同步误差$|$。图 2.20 所示为时间信号测试连接图。

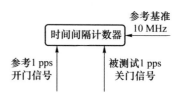

图 2.20　时间信号测试连接图

2.6.4　时间信号周期抖动的测试

测试时,时间间隔计数器所接外部标准的频率准确度需优于内部标准的,一般都是以上升沿作为触发沿。时间信号周期抖动要求连续测量 100 个数据,然后按标准偏差处理[25],即有

$$\sigma_T = \sqrt{\frac{\sum_{i=1}^{100} (T_i - \overline{T})^2}{100 - 1}} \tag{2.89}$$

其中,T_i 为第 i 次测得的周期值;$\overline{T}$ 为 T_i 的平均值。

2.7 小 结

本章从统计学基础出发，介绍了随机过程的定义、统计特性等，其中重点阐述了平稳随机过程的定义、各态历经性、自相关函数及功率谱密度。本章详细描述了频率准确度和稳定度的关系，指出时域频率稳定度主要可以用阿仑方差、交叠阿仑方差及修正阿仑方差来表征，频域频率稳定度可以用频率起伏谱密度、相位起伏谱密度、相对频率起伏谱密度和单边带相位噪声等描述，近来更趋向于用单边带相位噪声来描述频率标准的频域频率稳定度。本章还介绍了频率传递中常用的实验技术手段。系统地介绍了时间和时间标准的含义。时间同步误差是时间同步系统中最主要也是最为关键的技术指标，可以分为绝对时间同步误差和相对时间同步误差。时间信号一致性的测试是以时间基准设备输出的 1 pps 信号为参考信号，测试其余各路输出信号与其一致的程度。时间信号周期抖动的测试是对计算结果进行统计计算。

本章参考文献

[1] 樊昌信，曹丽娜. 通信原理[M]. 北京：国防科技出版社，2012.

[2] 中国科学院计算机网络信息中心. 准确度、精度、稳定度[EB/OL]. [2020-08-03]. http://amuseum. cdstm. cn/Amuseum/time/01gzsj/0104_2. html.

[3] BARNES J A，CHI A R，CUTLER L S，et al. Characterization of Frequency Stability[J]. IEEE Transactions on Instrumentation & Measurement，1971,20(2):105-120.

[4] RILEY W J. Handbook of Frequency Stability Analysis[M]. U. S. :National Institute of Standards and Technology,2008:136.

[5] ALLAN D W，BARNES J A. A Modified "Allan Variance" with Increased Oscillator Characterization Ability[C] // Thirty Fifth

Frequency Control Symposium. Philadelphia：IEEE，1981：470-475.

[6] FOREMAN S M，HOLMAN K W，HUDSON D D，et al. Remote transfer of ultrastable frequency references via fiber networks[J]. Review of Scientific Instruments，2007，78(2)：021101.

[7] 李宗扬. 时间频率计量[M]. 北京：原子能出版社，2002.

[8] 沈世科. 相位噪声测试结果的分析与应用[J]. 测量与设备，2008 (3)：36-38.

[9] EGAN W F. Phase-Lock Basics[M].[S. l.]：Wiley-IEEE Press，2007.

[10] 陈邦媛. 射频通信电路[M]. 北京：科学出版社，2006.

[11] FUJIEDA M，KUMAGAI M，GOTOH T，et al. First experiment of ultra-stable frequency transfer system via optical fiber in NICT [C] // 2007 IEEE International Frequency Control Symposium Joint with the 21st European Frequency and Time Forum. Geneva：IEEE，2007：840-844.

[12] FUJIEDA M，KUMAGAI M，GOTOH T，et al. Ultra-stable frequency dissemination via optical fiber at NICT [C] // 2008 Conference on Precision Electromagnetic Measurements Digest. Broomfield：IEEE，2008：320-321.

[13] MUSHA M，HONG F L，NAKAGAWA K，et al. Coherent optical frequency transfer over 50-km physical distance using a 120-km-long installed telecom fiber network [J]. Optics Express，2008，16 (21)：16459.

[14] AMY-KLEIN A，LOPEZ O，KEFELIAN F，et al. High-resolution optical frequency dissemination on a telecommunication network [C]. 2009 IEEE International Frequency Control Symposium Joint with the 22nd European Frequency and Time forum. Besancon：IEEE，2009：813-814.

[15] TAN C Y. Tune tracking with a PLL in the Tevatron [J]. Nuclear Inst & Methods in Physics Research A，2006，557(2)：615-620.

[16] 琚兴宝，徐至新，邹建龙，等. 基于 DSP 的三相软件锁相环设计 [J]. 船电技术，2004，21(4)：1-4.

[17] 屈强,刘东华,杨君,等. 软件锁相环的设计与应用[J]. 遥测遥控. 2007,28(1):10-14.

[18] ZHANG L,CHANG L,DONG Y,et al. Phase drift cancellation of remote radio frequency transfer using an optoelectronic delay-locked loop[J]. Optics Letters,2011,36(6):873.

[19] LOPEZ O,HABOUCHA A,CHANTEAU B,et al. Ultra-stable long distance optical frequency distribution using the Internet fiber network[J]. Optics Express,2012,20(21):23518.

[20] NEWBURY N R,WILLIAMS P A,SWANN W C. Coherent transfer of an optical carrier over 251 km[J]. Optics Letters, 2007, 32 (21):3056.

[21] NEWBURY N R,WILLIAMS P A,SWANN W C. High-stability transfer of an optical frequency over long fiber-optic links[J]. Journal of the Optical Society of America B, 2008, 25 (25): 1284-1293.

[22]   KÉFÉLIAN F,LOPEZ O,JIANG H,et al. High-resolution optical frequency dissemination on a telecommunications network with data traffic[J]. Optics Letters,2009,34(10):1573-1575.

[23] GROSCHE G,TERRA O,PREDEHL K,et al. Optical frequency transfer via 146 km fiber link with 10^{-19} relative accuracy[J]. Optics Letters,2009,34(15):2270-2272.

[24] MULLAVEY A J,SLAGMOLEN B J,SHADDOCK D A,et al. Stable transfer of an optical frequency standard via a 4. 6 km optical fiber[J]. Optics Express,2010,18(5):5213-5220.

[25] 童宝润. 时间统一系统[M]. 北京:国防工业出版社,2003:504.

第3章

基于光纤网络的高精度时频传递相位抖动补偿技术

以光纤通信网络为物理载体的站点间频率传递和时间同步技术,发展同频率源一对一、一对多的高精度播发技术,并在此基础上提高站点间时间同步精度,为若干重要应用提供核心技术支撑。

传统的站点间时频同步大多采用在不同源架构下的比对技术,通信物理载体往往采用微波或星载转发系统。在不同源的架构下,单个站点都必须安装本地频率源,首先给系统带来了成本和维护的负担。同时,由于不同本振频率源之间必然存在差异,以及受比对通信信道和比对技术的影响,同步的精度受到很大的限制。此外,在特殊应用需求下对站点间有高相干度要求时,不同源的时频同步技术架构无法满足系统需求。首先,采用光纤通信方案,可以利用已经非常成熟的长距离大容量光通信技术和光网络的灵活组网特点,在长距离或者复杂城域环境下进行时频同步系统的研究。其次,以光频为载体进行微波频率的播发和时间同步研究,是时频传递领域的技术趋势。现代光学技术对光频信号的振幅、相位以及波形都可以进行高精度的调控,同时,光载波在光纤波导中传播时受到环境干扰的相对较小,这些都成为以光学手段进行高精度时频传递或同步的重要技术基础。更为重要的是,以光波为载体的时频传递使得同一频率源的多点播发成为可能,摒弃了传统的站点间采用不同频率源并进行比对的架构,也减少了对频率源的数量需求,节省了成本,并真正做到了频率相干同步,并在此基础上可以实现高精度的时间同步。以此技术为支撑的研究对于应用领域可以起到巨大推动作用,具有重要的应用意义。如图3.1所示,基于光纤的精密时频传递对原子钟比对、射频探测阵列以及基于加速器的先进光源产生都有着重大的技术推动意义。异地高精度时间频率相位(时/频/相)同步技术是量子信息领域中的一项重要基础研究内容,属于前沿领域高新技术。

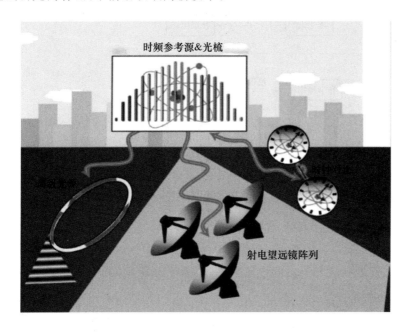

图 3.1　高精度时频传递和同步的应用示意图[1]

3.1　基于光纤的高精度频率传递相位抖动补偿技术

光纤是一种优选传输介质,可用来传输频标信号。光纤传输与传统的自由空间传输相比,具有更低的功率损耗,价格便宜,并且抗电磁干扰能力强,因此,可以获得更高的传输稳定性。尽管光纤这个媒介传输稳定度高,但是,当外界环境温度等发生变化时,光载微波信号的时延将发生抖动,从而引起信号相位抖动,最终会反映为光纤链路光程的变化。为了补偿相位抖动,从而获得更高的传输稳定度,需要设计方法来抵消这种链路光程的变化。相位抖动补偿方案的基本示意图如图 3.2 所示。

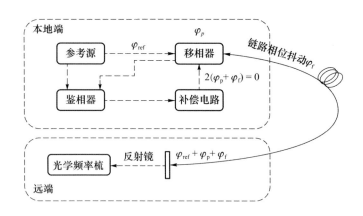

图 3.2　相位抖动补偿方案示意图

从本地端输出的信号经过单程光纤后引入的相位扰动是 $\phi_f(t)$。则在远端信号的相移为

$$\varphi_{\mathrm{remote}}(t) = \varphi_{\mathrm{ref}}(t) + \varphi_{\mathrm{p}}(t) + \varphi_{\mathrm{f}}(t) \tag{3.1}$$

在往返扰动相同的假设前提下,如图 4.2 所示,我们接收到的传输返回信号的相位是

$$\varphi_{\mathrm{return}}(t) = \varphi_{\mathrm{ref}}(t) + 2\varphi_{\mathrm{p}}(t) + 2\varphi_{\mathrm{f}}(t) \tag{3.2}$$

为了使接收到的信号相位稳定,我们有

$$2(\varphi_{\mathrm{p}}(t) + \varphi_{\mathrm{f}}(t)) = 0 \tag{3.3}$$

在此基础上,频率传递研究组已提出众多方案来补偿这种相位扰动。常见的相位补偿方案主要有四种:光延迟线法、电学相位补偿法、被动补偿法、主动补偿法等。

3.1.1　可调谐光纤延迟线法

可调谐光纤延迟线(Optic Delay Lines,ODL)的工作原理是通过改变光信号在光纤中传播的物理长度来改变信号的延迟[2-3];可调激光器的工作原理是通过改变光载波的波长来改变光载波的折射率,从而改变信号的延迟[4]。但是光纤拉伸器系统的结构复杂,模拟连续的光延迟线通过改变光纤折射率或者通过机械装置、光学滤波器来改变物理光程,从而达到补偿时延的目的,这种方式的优势在于时延精度高,适合用于补偿环路由于温度等因素造成的大范围相位抖动。

在基于光学频率梳的高精度频率传递中,已经实现了基于光纤拉伸器和热控制光纤弧组成的可调谐光纤延迟线补偿方式,补偿原理如图 3.3 所示。相位抖动的检测以及补偿都是在本地端完成的,采用的器件为光纤延迟线、光纤拉伸器、热控制光纤弧等,如图 3.4 所示。

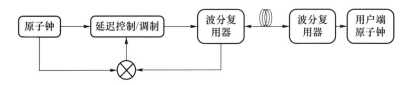

图 3.3 反馈补偿方法原理框图

光纤延迟线用来补偿相位抖动中慢的变化,光纤拉伸器用来补偿相位抖动中快的变化,但是补偿范围很小,为~500 ps~1 ns,热控制光纤弧的补偿范围很大,但是响应时间很长,通常为分钟量级。

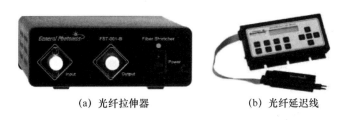

(a) 光纤拉伸器   (b) 光纤延迟线

图 3.4 光纤拉伸器和延迟线器件[5]

图 3.5 是 Giuseppe Marra 等人[6]提出的基于光学频率梳的可调谐光纤延迟线补偿的频率传递方案,补偿部分由两个级联光纤拉伸器和一个热控制光纤弧组成,用来补偿由于环境影响造成的路径长度变化,其中光纤延伸器是通过在一段厘米长的压电管上缠绕多圈标准单模光纤来制作的[7]。这种补偿方式只有当发送和返回的脉冲序列在测量时间范围内受到相同的扰动时,才能在用户端有效地抑制光纤引起的相位噪声。当脉冲序列在同一根光纤中的两个方向上传播并且光程变化比往返时间慢时,可以最好地满足此条件[6]。

这种补偿方案可以实现高的相位漂移抑制率和大的射频补偿带宽,具有大的动态范围。但是,压电光纤拉伸器将引起附加的偏振模色散和振幅噪声[2]。

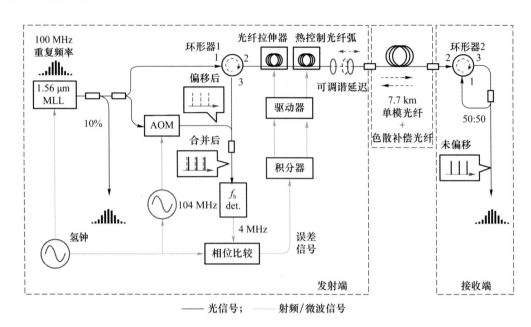

图 3.5 基于光学频率梳的可调谐光纤延迟线补偿的频率传递方案[6]

（MLL 表示锁模激光器；AOM 表示声光调制器）

3.1.2 电学相位补偿法

电学相位补偿法是指通过采用电子器件实现相位补偿的方式。这种电学相位补偿法已经应用到了基于射频调制的高精度频率传递和基于光学频率梳的高精度频率传递中。

（1）在基于射频调制的高精度频率传递中，已经能通过可调谐电延迟线实现相位补偿。电延迟线法主要是利用标准的互补金属氧化物半导体（Complementary Metal Oxide Semiconductor，CMOS）工艺制成的，可以减少设备、能耗、成本。波兰矿业冶金科技大学的学者[8]采用这种方案。利用蒙特卡洛模拟，选择负载额外电容的逆变器设计，在这样的结构中，不可避免的是两条延迟线之间的匹配度会下降。图 3.6 所示为延迟线的单元及芯片结构。

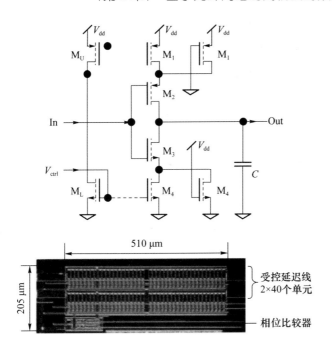

图 3.6　延迟线单元以及芯片结构[8]

这部分的延迟由通过内部逆变器 $M_2 \sim M_3$ 改变电容器 C 充电的最大速度来确定。电流由晶体管 M_1 和 M_4 控制,电路中产生的栅极-源极电压由晶体管 M_U 和 M_L 控制。附加的小面积晶体管 M_{1A} 和 M_{4A} 始终接通,在主晶体管 M_1 和 M_4 被关断的调谐电压 V_{CTRL} 的极值处改善电路的特性。由于逆变器的增益相对较高,所以这样的延迟单元不需要额外的缓冲器来形成输出信号,必要的缓冲器应位于整个延迟线的输出端。单个部分的延迟范围在 3 ns 量级,V_{ctrl} 从 0 V 变化到 3.3 V。一个通道的延迟线由 40 个单元组成,理论上,延迟范围可以超过 120 ns。由于延迟线的匹配要求,两个延迟线在同一芯片上实现,整个设计应共用晶体管 M_U 和 M_L。在延迟线的输出端测得的上升和下降时间约为 600 ps。对于短延迟($\sim$45 ns),固有的短期抖动小于 7 ps,对于长延迟($\sim$160 ns),固有的短期抖动逐渐增加到约 10 ps。

(2) 在基于光学频率梳的高精度频率传递中,北京大学张志刚等人[9]采用直接数字合成器(Direct Digital Synthesizer,DDS)作为电子移相器,实现了对光纤引入的相位抖动的补偿。图 3.7 是其在 20 km 城市光纤链路上基于电子相位补偿的频率传输实验装置。这种补偿方式是在本地端完成的,以 DDS 作为电子移相器来补偿光纤引入的相位抖动。相位抖动分析是通过高分辨率电压采集仪完成的,并且使用了频率计数技术来提供测量频率稳定性的方法。

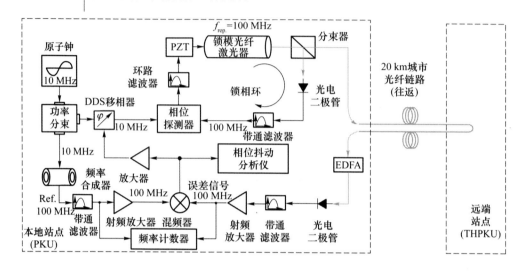

图 3.7 20 km 城市光纤链路上基于电子相位补偿的频率传输实验装置[9]

基于 DDS 的相位抖动补偿原理如图 3.8 所示,具有初始相位 φ_{ref} 的参考源通过电子相移器获得 $\varphi_c(t)$ 的相移,用相移信号锁相锁模光纤激光器引入一个固定的相移 φ_0,锁相激光束在单向光纤链路上传输引入相位抖动 $\varphi_f(t)$。因此,在远端接收到的锁模激光器信号的相位为

$$\varphi_{remote}(t) = \varphi_{local} + \varphi_c(t) + \varphi_0 + \varphi_f(t) \tag{3.4}$$

式(3.4)表明了从本地端到远端的总单向相位漂移。通常,采用同纤传递技术消除前向和后向信号受到的相位扰动。因此,在本地端,往返信号的相位表示为

$$\varphi_{returned}(t) = \varphi_{local} + \varphi_c(t) + \varphi_0 + 2\varphi_f(t) \tag{3.5}$$

因此,通过将往返射频信号与基准频率源混合可获得往返相位抖动。为了将频率信号稳定地传输到远端,发射信号的相位校正量应等于单向相位抖动的相反数,即

$$\varphi_c(t) = -\varphi_f(t) \tag{3.6}$$

补偿电路根据往返相位抖动来进行相位校正,并且将校正量传递给电子移相器,以补偿单向相位抖动[10]。

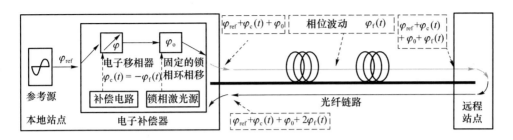

图 3.8　相位抖动补偿原理[10]

这种基于电子移相器的相位抖动补偿方式受移相器的动态带宽限制,电子移相器调节时间低于 100 ns,即其动态带宽为 DC ～10 MHz。此外,电子设备(移相器和鉴相器)将引入过多的相位噪声,所以应用场合为长距离光纤链路时可考虑此方法,此时链路引入的相位噪声大于设备引入的相位噪声。并且,电子移相器的相移分辨率会决定相位补偿精度。通过这种相位补偿方式,20 km 城市光纤链路上的均方根相位抖动在 48 小时内从 118 ps 降低到 6.3 ps,且频率稳定性提高了三个数量级。

3.1.3　被动补偿法

被动补偿法是一种基于混频的无源相位校正方法。在复杂度、补偿速度、补偿范围等方面均优于传统的有源补偿技术,是一种很有前途的方法。此外,无源相位校正方法可以通过在发射机中的预相位失真和接收机中的后相位校正来实现。其原理如图 3.9 所示。

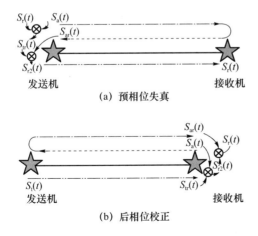

(a) 预相位失真

(b) 后相位校正

图 3.9　预相位失真和后相位校正的原理图[10]

假设传输的单频射频信号表示为

$$S_t(t) = \cos[\omega_0 t + \varphi_0 + \Delta\varphi_0(t)] \tag{3.7}$$

其中，ω_0 和 φ_0 分别代表射频信号的角频率和初始相位；$\Delta\varphi_0$ 表示射频信号的随机相位噪声。

为了实现射频信号相位的稳定传输，需要一个辅助信号，该信号的频率为原射频信号频率的一半。

$$S_a(t) = \cos[0.5\omega_0 t + \varphi_a + \Delta\varphi_a(t)] \tag{3.8}$$

其中，φ_a 和 $\Delta\varphi_a$ 表示辅助信号的初始相位和随机相位噪声。将辅助信号调制到波长为 λ_1 的光载波上，并注入光纤中。则光纤链路的时延可以表示为

$$\tau = \frac{(n_c + \Delta n_{en} + \Delta n_\lambda + \Delta n_p)(L + \Delta L_{en})}{c} \tag{3.9}$$

其中，n_c 是光纤在光载波波长处的有效折射率；Δn_{en}、Δn_λ 和 Δn_p 表示环境扰动、波长漂移和光载波偏振旋转引起的折射率变化；L 表示光纤链路的物理长度；ΔL_{en} 表示环境变化引起的物理长度变化；c 是真空中的光速。

假设光纤链路折射率和物理长度随时间缓慢变化，因此可以认为光纤链路中的正向和反向的传输延迟是相同的。如果辅助信号的单向传输时延为 τ_1，则往返传输延迟为 $2\tau_1$。因此，可以将往返传输后的辅助信号写为

$$S_{ar}(t) = \cos[0.5\omega_0(t - 2\tau_1) + \varphi_a + \Delta\varphi_a(t - 2\tau_1)] \tag{3.10}$$

如图 3.9(a) 所示，当相位校正位于发射机的预相位失真配置中，辅助信号在发射机中产生，与 $S_t(t)$ 混频后可以得到上转换信号。

$$S_{t1}(t) = \cos[1.5\omega_0 t + \varphi_0 + \Delta\varphi_0(t) + \varphi_a + \Delta\varphi_a(t)] \tag{3.11}$$

$S_{t1}(t)$ 被送到第二混频器，与式（3.10）所示的往返传输之后的辅助信号混频，则下转换信号为

$$S_{t2}(t) = \cos[\omega_0 t + \omega_0 \tau_1 + \varphi_0 + \Delta\varphi_0(t) - \Delta\varphi_a(t - 2\tau_1) + \Delta\varphi_a(t)]$$

$$\tag{3.12}$$

需要注意的是，式（3.11）和式（3.12）中的上转换和下转换信号是由带通滤波器选择的。

在式（3.12）中，将 $\omega_0 \tau_1$ 的共轭相位项引入射频信号 $S_{t2}(t)$。然后，将 $S_{t2}(t)$ 调制到波长为 λ_2 的另一个光载波上，并通过相同的光纤链路传送到

接收器。如果 $S_{t2}(t)$ 的传输延迟为 τ_2,则接收信号为

$$S_r(t) = \cos\left[\omega_0 t + \omega_0(\tau_1 - \tau_2) + \varphi_0 + \Delta\varphi_0(t - \tau_2) - \Delta\varphi_a(t - 2\tau_1 - \tau_2) + \Delta\varphi_a(t - \tau_2)\right]$$

$$(3.13)$$

在式(3.13)中,若 $\tau_1 - \tau_2$ 为常数,则在接收器中可以获得与环境变化无关的稳定相位信号。

如图 3.9(b)所示,在后相位校正中,射频信号 $S_t(t)$ 从发射机发射到接收机。传输后的信号表示为

$$S_{tr}(t) = \cos\left[\omega_0 t - \omega_0 \tau_2 + \varphi_0 + \Delta\varphi_0(t - \tau_2)\right] \qquad (3.14)$$

将式(3.8)中的 $S_a(t)$ 与 $S_{tr}(t)$ 混频后产生上转换信号。

$$S_{r2}(t) = \cos\left[1.5\omega_0 t - \omega_0 + \varphi_0 + \Delta\varphi_0(t - \tau_2) + \varphi_a + \Delta\varphi_a(t)\right] \quad (3.15)$$

将式(3.15)中的 $S_{r2}(t)$ 与式(3.7)中 $S_{ar}(t)$ 在第二混频器中混频,从而得到下转换信号。

$$S_r(t) = \cos\left[\omega_0 t + \omega_0(\tau_1 - \tau_2) + \varphi_0 + \Delta\varphi_0(t - \tau_2) - \Delta\varphi_a(t - 2\tau_1) + \Delta\varphi_a(t)\right]$$

$$(3.16)$$

在式(3.16)中,若 $\tau_1 - \tau_2$ 是常数,则信号 $S_r(t)$ 不受光纤传输引起的相位抖动的影响。

由以上分析可知,无论是预相位失真的无源相位校正方法还是后相位校正的无源相位校正方法,其关键是保证 τ_1 和 τ_2 的恒定差。由于信号在同一个光纤中传输,射频信号和辅助信号的能量几乎相同,因此,可以得到光纤传输带来的相位变化的残余项:

$$\Delta\phi = \omega_0(\tau_1 - \tau_2) = = \frac{\omega_0(n_{c_1} - n_{c_2} + \Delta n_{\lambda_1} - \Delta n_{\lambda_2} + \Delta n_{p_1} - \Delta n_{p_2})(L + \Delta L_{en})}{c}$$

$$(3.17)$$

在式(3.17)中,如果给定 λ_1 和 λ_2,则有效折射率 n_{c_1} 与 n_{c_2} 的差值为一固定值。如果 λ_1 接近于 λ_2,则可以得到最小化的差值。由于两个激光源的波长漂移,因此会引入 $\Delta n_{\lambda_1} - \Delta n_{\lambda_2}$,而波长相关的折射率可以归因于光纤色散,因此可以采用色散补偿光纤来解决这个问题。由 $\Delta n_{p_1} - \Delta n_{p_2}$ 引起的折射率变化通常源于光纤链路的随机双折射。由于偏振模色散(标准单模光纤通常为 $0.1\,\mathrm{ps \cdot km}^{-\frac{1}{2}}$),两个光载波偏振态的不规则旋转将导致残余相位噪声。根据文献[11]的研究结果,扰偏器是解决这一问题的有效工具。在光纤通信中研发的动态极化控制方案也可用于解决这一问题。

光纤的物理长度变化即式(3.17)中的长度变化,通常是由温度变化和机械振动引起的。已经证明,温度变化对光纤折射率(～7 ppm/℃)的影响比对物理光纤长度(～0.5 ppm/℃)的影响高出一个数量级以上。因此,可以忽略由温度变化引起的物理长度变化而导致的射频相位变化。与热量引起的光纤长度缓慢变化不同,机械振动可能导致光纤物理长度快速变化。直接作用在光纤上的压力也会引起相当大的射频相位变化(～8 ppm/Mpa)。然而,这些影响可以通过保护套或将光纤深埋在地下来减弱甚至消除。

由于辅助信号必须使用相同的光载波在光纤链路中双向传输,因此前向光信号的瑞利背向散射将干扰后向光信号,反之亦然。由此产生的相干瑞利噪声会显著恶化射频信号的相位噪声。波长转换是解决这一问题的一种方法。

此外,从式(3.13)和式(3.16)中可以清晰地看到,当辅助信号与射频信号进行混频时,辅助信号的相位噪声 $\Delta\varphi_a$ 每次都被添加到射频信号中。也就是说,更多的混频过程会带来更多的噪声。此外,当使用不同频率的辅助信号时,还需要有更多的信号源。混频还会带来变频损耗大、失真大等问题。考虑到稳定相位传输系统的性能、成本和复杂性,采用较少的混频过程和辅助信号是有非常必要的。

近几年来,人们致力于对无源相位校正方法进行必要的改进,提出并论证了发射机的预相位失真和接收机的后相位校正的方法。

3.1.4 主动补偿法

主动相位补偿法是指通过主动控制器〔如声光调制器(Acousto Optical Modulators,AOM)、压控振荡器(Voltage Controlled Oscillator,VCO)、比例积分控制器(Proportional Integral,PI)〕等来实现相位补偿的方式。这种基于反馈可调谐器件的主动相位补偿法已经在基于射频调制和光学频率的高精度频率传递中有所应用。

(1) 在基于射频调制的高精度频率传递中,1988 年美国喷气推进实验室[12]提出了基于稳定相位共轭法的电子控制系统。相位共轭法指光纤输入处的正向信号和反向信号之间的基准保持共轭关系,从而使得远端相位与参考端的相位相同,其原理如图 3.10 所示,其中,θ_0 为参考相位,θ_m 为远端相位,θ_0 为光纤引入的相位抖动。

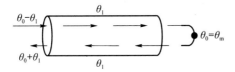

图 3.10　相位共轭法原理[12]

基于该补偿方法的控制系统原理如图 3.11 所示,该系统由参考端、远端和光纤链路组成,参考端由相位共轭部分、光纤发射机、光纤接收机、锁相环和光纤耦合器组成,相位共轭部分需要一个 100 MHz 的参考信号和一个 20 MHz 的辅助信号,包括三个混频器(M1、M2 和 M3)、两个射频功率分配器(S1、S2)、一个相位检测器(Phase Detector,PD)、压控振荡器(VCO)和环内滤波器(Inner Loop Filter,ILF)。

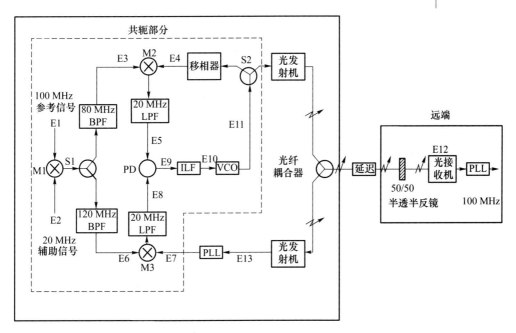

图 3.11　稳定光纤分布系统原理[12](BPF 表示带通滤波器;LPF 表示低通滤波器)

100 MHz 参考信号 E1 和 20 MHz 辅助信号 E2 通过混频器 M1 产生 80 MHz 和 120 MHz 信号。

$$E_1 = A_1 \sin \omega t \tag{3.18}$$

$$E_2 = A_2 \sin \left(\frac{\omega}{5} t + \theta_{20} \right) \tag{3.19}$$

然后通过功率分配器(Sl)将混频器 Ml 中的信号分成两条信号路径，每条信号路径中的滤波器只通过一个频率，从而得到

$$E_3 = A_3 \cos \left(\frac{4\omega}{5} t - \theta_{20} \right) \tag{3.20}$$

$$E_6 = -A_6 \cos \left(\frac{6\omega}{5} t + \theta_{20} \right) \tag{3.21}$$

令

$$E_4 = A_4 \sin \left(\omega t + \theta_v \right) \tag{3.22}$$

其中，θ_v 为通过 VCO 加入的校正相位。

从远端返回的信号

$$E_7 = A_7 \sin \left(\omega t + \theta_v + 2\theta_d \right) \tag{3.23}$$

其中，θ_d 为单向光纤传输引入的相位，

混频器 M2 将 E3 和从远端返回并通过 VCO 的信号 E4 混频，产生的 20 MHz 差频信号为

$$E_5 = A_5 \sin \left(\frac{\omega}{5} t + \theta_{20} + \theta_v \right) \tag{3.24}$$

混频器 M3 将 E6 和 E7 混频，产生的 20 MHz 差频信号为

$$E_8 = A_8 \sin \left(\frac{\omega}{5} t - 2\theta_d - \theta_v + \theta_{20} \right) \tag{3.25}$$

相位检测器接收两个 20 MHz 的差频信号(E5 和 E8)，并产生与它们之间相位差成正比的电压：

$$E_9 = A_9 \cos \left(2\theta_d + 2\theta_v \right) \tag{3.26}$$

该电压通过 ILF 后被送入 VCO。射频功率分配器(S2)将 VCO 的输出分成两个信号，混频器 M2 接收其中一个信号，而另一个信号经光纤传输到达远端，此时远端信号为

$$E_{12} = A_{12} \sin \left(\omega t + \theta_v + \theta_d \right) \tag{3.27}$$

当 VCO 上的控制电压为零(稳态条件)时，混频器 M2 和 M3 输入处的相位是共轭的，远端相位与双向信号路径的延迟无关，即从(3.26)式可得到

$$2\theta_d + 2\theta_v = \frac{\pi}{2} \tag{3.28}$$

从而得到 VCO 上加入的校正相位：

$$\theta_v = \frac{\pi}{4} - \theta_d \qquad (3.29)$$

此时即实现了由光纤链路引入的相位抖动的补偿。

澳大利亚国家测量研究所学者[13]通过比例积分控制器和代数相位共轭的主动补偿方法实现了在甚长基线干涉测量（Very-Long-Baseline Interferometry，VLBI)中的相位补偿，该补偿法的原理图如图 3.12 所示。

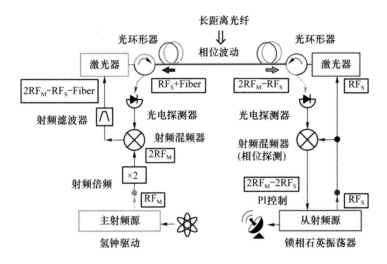

图 3.12　基于主动补偿的光纤射频传输示意图[13]

本地端和远端的振荡器通过一条长距离单模光纤链路进行通信，该链路的两端均通过光环行器（Optical Circulator，OC)分别与本地端和远端连接。本地端从 10 MHz 基准通过锁定到氢原子钟的本地频率合成器链获得 80 MHz 的射频信号，远端射频信号来自稳定的 5 MHz 石英振荡器。远端激光器的输出经幅度调制并送入光纤链路后得到的相移为 RF_S＋Fiber，将该相移与本地端射频（RF_M)的 2 倍进行差频，得到 $2RF_M - RF_S$－Fiber。再次送入光纤链路传输后，光纤造成的相位偏移可通过代数相位共轭消除，并且输出 $2RF_M - RF_S$，其与 RF_S 差频后可得 $2RF_M - 2RF_S$，然后通过比例积分控制电路驱动远端石英振荡器使其归零，从而实现相位误差为 0。这种基于主动补偿的光纤时频传输方法可用于高质量石英振荡器相位相干时间大于 10 ms 的长距离频率传输中。

（2）在基于光学频率的高精度频率传递中，1994 年马龙生小组[14]提出了基于 AOM(声光调制器)的主动相位补偿法,以消除相位噪声,该补偿法的原理如图 3.13 所示。

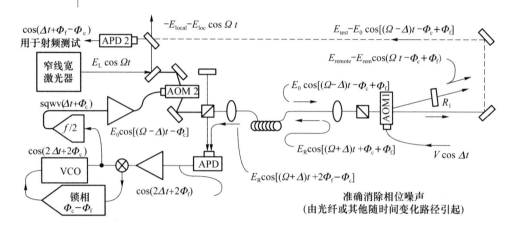

图 3.13　基于 AOM 的主动相位补偿法原理[14]

该主动相位补偿法是在本地端完成的,其关键器件为 AOM,其在光频传输中有两方面作用:一方面,构成外差探测器探测参考(本体地端输入光的反射光)与返回光之间的频率差;另一方面,在本地端作为相位抖动补偿器,用来预补偿输入光学频率的相位。该补偿方法的原理如图 3.13 所示,其中 Φ_f 为光纤链路引入的相位噪声,Φ_c 为校正相位,Δ 为通过 AOM 产生的频率偏移。由于两个反向传输的光可以不受光纤传输方向的影响而独立传输并经历相同的相位波动,所以,此处假定正反方向光纤传输引入的相位变化相等,即

$$\Phi_{正向}＝\Phi_{反向}＝\Phi_f \tag{3.30}$$

在本地端,窄线宽激光器输出的光(频率为 Ω)经 AOM2 后,频移为 Δ 和相位校正量为 Φ_c,经过分束器后,一束光经反射作为参考光,另一束光经光纤送入远端,此时,加入由光纤引入的单向相位 Φ_f,然后输入至 AOM1,AOM1 通过远端的背向反射分束器 R1,该信号被两次通过,从而产生 2Δ 的偏移频率,再经过光纤返回本地端后与参考光在雪崩光电二极管(Avalanche Photo Diode,APD)处进行拍频,得到 $2\Delta t＋2\Phi_f$ 的相位,由锁相电路控制 VCO,使相位调制信号中的 Φ_c 等于光纤引入的相位 Φ_f,以数字方式从 VCO 输出的频率(或相位)除以 2,即可以获得单向光纤引入的相位噪声,再对所得信号进行带通滤波和放大,输入至 AOM2 后即可实

现相位抖动补偿。

这种基于 AOM 的主动相位抖动补偿法可以以毫赫兹精度消除光纤引入的相位噪声[14]。国内外有多家研究机构〔如德国物理技术研究院 (PTB)与德国马克斯-普朗克研究所（MPQ）[15-17]以及我国中科院国家授时中心[18-19]、华东师范大学[20]等〕都利用此相位抖动补偿方法进行了光学频率传递方面的研究。

光学频率的高稳定性使得光学频率传递成为超远距离传输的选择之一，但是这种基于 AOM 的主动相位抖动补偿法需要本地端的窄线宽激光器和用户端的光学频率梳设备（用于将光频率下载到射频频率），增加了成本和复杂度。

3.1.5　数字式前馈位相补偿法

我们实验小组提出了采用光学频率梳（光学频率梳由两个变量组成——重复频率 f_{rep} 和初始频率 f_{ceo}，只有当 f_{rep} 和 f_{ceo} 同时锁定时才称之为梳，但是在精密传递领域中，国际上很多学者[21-22]也将设有锁定 f_{ceo} 的锁模激光器，称为光学频率梳，为了和国际上统一，在本书中我们也采用同样说法）作为载体，利用密集型波分复用技术，在一根光纤中双向同时完成相位抖动补偿技术。与传统的反馈补偿方案不同，这种相位抖动补偿是利用数字前馈技术实现的。在该技术中，在本地端检测光纤链路中的相位抖动并将其数字化，然后再用标准的通信模块将其传递到远端，远端接收到数字命令时，将数据在单片机内做处理，然后单片机控制远端移相器 AD9910 进行调整，以补偿链路上的相位抖动，使得远端给用户的频率信号与本地端的基准频率信号一致。数字式前馈位相偿的原理如图 3.14 所示。依此完成在 120 km 实际光纤网络中的实验验证，具体原理及应用见 6.1.4 节。

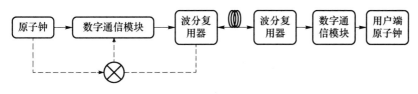

图 3.14　数字式前馈位相补偿的原理

3.2 基于光纤的高精度时间
同步相位抖动补偿技术

两地间的精密时间同步在全球卫星定位系统、长基线干涉[23]、射电望远镜阵列[24]、物理基本常数测量等方面有着广泛的应用。最新研究表明，光纤频率传递稳定度可以达到天稳 $10^{-19[25-26]}$，因此，利用光纤进行精密频率传递和时间同步可以在远端"再现"原子钟，可以通过主动补偿链路变化引起的相位以及时间的变化，使远端的原子钟与本地端的原子钟的频率和时间保持一致。

3.2.1 电延迟线法

电磁波在电路中传输时，若传输线的几何长度远小于波长，则传输时间几乎为 0，可以忽略不计。反之，当电路长度接近或大于波长时，电磁波在电路中的延时就不能忽略了，利用传输线的这一特点，可以实现电延迟线补偿法。

单位长度传输线等效集总元件电路如图 3.15 所示。若忽略电阻与电导的损耗，则相位速度 ν_p 可表示为

$$\nu_p = \frac{\omega}{\beta} = \frac{\omega}{\omega \sqrt{LC}} = \frac{1}{\sqrt{LC}} \qquad (3.31)$$

其中，ω 是信号角频率，β 是传播常数。故信号在单位长度传输线的群延迟 τ_g 为

$$\tau_g = \frac{1}{\nu_p} = \sqrt{LC} \qquad (3.32)$$

特征阻抗 Z_0 为

$$Z_0 = \frac{V^+(x)}{I^+(x)} = \frac{\omega L}{\beta} = \sqrt{\frac{L}{C}} \qquad (3.33)$$

这表明，传输线上任意一点的输入阻抗为特性阻抗 $\sqrt{\dfrac{L}{C}}$，单位长度的延迟时间为 $\sqrt{LC}$。利用这一点，通过增加或减少单位长度的传输线可以实现传输延迟的控制，以达到补偿时间延迟的目的。

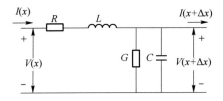

图 3.15   传输线等效集总元件电路[27]

虽然,利用传输线长度的变化可以得到较为理想的延迟特性,但是它会带来一些问题:首先,需要很大长度的传输线,这不利于电路的集成;其次,传输线长度变化(常用一组开关控制)有一定步幅大小,产生延时的分辨率有限。因此,在实际情况下,一般采用固定大小的片上螺旋电感和可变电容[27]来实现可变延迟线,如图 3.16 所示。这种等效结构与其对应的传输线具有相同的群延迟和特征阻抗。

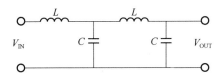

图 3.16   传输线等效电路[27]

根据上述分析,可以得到图 3.17 所描述的可调电延迟线法补偿装置。其中:粗补偿是通过数字控制器控制路径选择开关实现的;细补偿是通过连续的电压控制实现的。

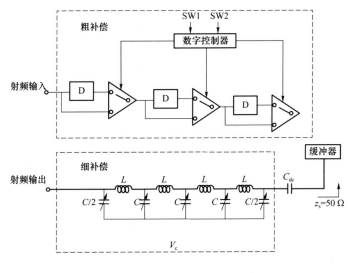

图 3.17   可调电延迟线法补偿装置[27]

上述内容简单介绍了电延迟线法的基本原理,并举例了该方法的一种常见实现方法(如图 3.17 所示)。在实际应用中,根据研究需要,考虑成本、系统复杂度、补偿能力是否匹配需要等因素,将不同的延时单元与传输线结合或将不同的补偿方法与电延迟线方法结合,往往能达到更好的补偿效果。Przemysław Krehlik 等人[28]设计的高精度时间同步系统采用可调电延迟线来补偿本地端与远端的时钟偏差。但扩展传输距离后,传输延迟的最大可能值已经超过原来方案的补偿范围。针对这个问题,该团队研究了一种混合系统的解决方案,使用电延迟线与基于光开关的光延迟线共同补偿[29]。电延迟线可以连续地补偿光纤延迟抖动,决定了补偿分辨率;光延迟线以 50 ns 步长离散地改变补偿能力,决定了补偿范围。当电延迟线到达极限时,光延迟线短暂地被激活,进行 50 ns 为步长的调整,把电延迟线转移到正确的补偿范围。通过上述方法,可以将补偿范围扩展到 1 150 ns,满足传递距离约 1 000 km 的链路延迟补偿需求。

3.2.2　光延迟线法

相比于传统的电延迟线,光纤延迟线具有体积小、重量轻、损耗低、抗干扰能力强等优点。典型的光纤延迟线利用多条不同长度的光纤作为延迟线,通过光开关选择不同路径长度的光纤,达到不同的延迟。这种方法实现简单,但只能补偿固定延时,受光纤延迟线数目限制,延迟范围和分辨率非常局限。对于时间同步系统,由于事先不知道将引入的延时量,所以必须使用可调延迟元器件来补偿时间偏移量。

图 3.18 所示的方案为可调光延迟线法的一种典型实现[30]。延迟线由 k 个 2×2 光开关和 $k-1$ 段长度不同的光纤延迟段组成,每段可延迟量分别为 $\dfrac{T}{2}, \dfrac{T}{4}, \cdots, \dfrac{T}{2^{k-1}}$。最后一个光开关确保输出在同一端口,通过调节前 $k-1$ 个开关直通状态或交叉状态的连接组合,可以实现范围为 $0\sim T-\dfrac{T}{2^{k-1}}$,分辨率(最小步幅)为 $\dfrac{T}{2^{k-1}}$ 的可调延时。实际上,这种方法的分辨率除了与延迟线的精度有关,还与光开关的速度有关,最终能实现分辨率为 1 ns 左右的补偿效果。如需得到更精确的同步,可以在一个可调谐波长转换器

后接一段高色散光纤延迟线。假设 D 表示高色散光纤的色散，L 表示其长度，$\Delta\lambda$ 表示输出波长范围，则可以得到的延时量变化在 $0\sim D\Delta\lambda L$ 范围内。输出波长能够控制的分段最小间隔 $\delta\lambda$ 可得到的延迟分辨率为 $D\delta\lambda L$。实际上，进行延迟补偿时，可以先用图 3.18 所示的方法进行粗补偿，再利用高色散光纤进行细补偿，这样，在较大的补偿范围内可以得到精确的补偿量。

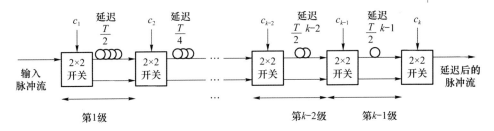

图 3.18　可调光延迟线法系统框图示例[30]

光纤通信朝着大容量、高速率的方向发展，实现数据在全光网络上的光分组交换必然是未来通信的发展方向。光延迟线法可实现高精度时间同步，保证节点间数据匹配，因此成为未来同步技术发展的一个重要方向。同时，相比于传统的光纤延迟法，更多新颖的延迟线结构不断出现，以达到更高的延迟分辨率。2009 年电子科技大学邱志成等人[31]使用磁光开关和光纤实现了分辨率为 100 ps，延迟差为 2.98 ps 的光延迟线技术；2011 年上海交通大学吴雷等人[32]采用温控的方法制成连续可调光延迟线，其可达到的延迟动态范围为 7.3 ns。2018 年，南京理工大学李奥波等人[33]提出了一种通过使用光致形变材料镧改性锆钛酸铅（Lead Lanthanm Zirconate Titanate，PLZT）陶瓷片来调谐光纤光栅延迟线的光调谐方法，实现了 16.6 ps 的延时差。在未来，光延迟线法将无疑成为最有前途的时间同步补偿方法之一。

3.2.3　光学采样法

光学采样法可以实现高精度时间同步，其核心是光学采样技术，即将两个重复频率略有不同的光学频率梳信号做外差，通过分析外差结果，能更加精确地测量出两束光脉冲信号间的相位差，从而得到本地端与远端之间的精确传输时延。本地端光学频率梳 A 和远端光学频率梳 B 的重复频率相同,为了测量站点之间的时间偏移,最简单的方法就是双向比对光学频率梳 A 和光学频率梳 B,将两个光学频率梳信号进行直接检测。然而,由于光电探测和模数转换器采样时钟抖动等影响,定时信号具有皮秒级抖动。为了避免这种不确定性,可以通过光锁模脉冲之间的外差来进行探测。要实现两个光学频率梳的时间同步,需要引入与光学频率梳 A 或者光学频率梳 B 的重复频率有偏差的传递光学频率梳 X。同步原理如图 3.19 所示。在本地端,测量光学频率梳 X 和光学频率梳 A 之间的相位差,在远端和本地端测量光学频率梳 X 和光学频率梳 B 之间的相位差。从上述数据中,可以提取出所需的相位差。下面对光学采样法原理进行详细推导。

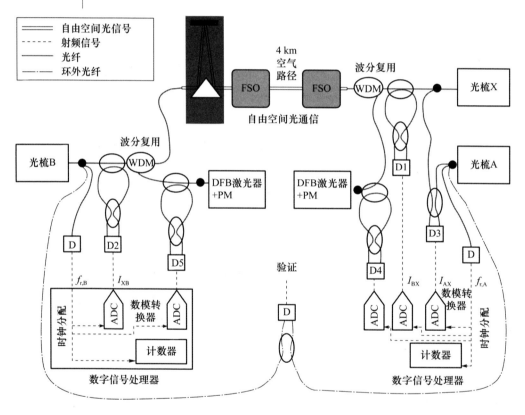

图 3.19　基于光学频率梳的飞秒级时间同步示意图(FSO 表示自由空间光终端;WDM 表示波分复用;ADC 表示模数转换器;DFB 表示分布反馈激光器;PM 表示相位调制器;白色椭圆表示光纤耦合器;黑点表示通过 OTDR 进行收发器校准注入点;灰色阴影表示一组延迟示例[34])

光学频率梳 A 在位置 A 的参考平面 $z = z_A$ 的场为

$$E_A(t, z_A) = e^{i2\pi \tilde{v}_A t} \sum_m E_{A,m} e^{im\Phi_A(t, z_A)} \tag{3.34}$$

其中，t 为时间，整数 m 表示光学频率梳的梳齿数，$\tilde{v}_A$ 是某个中心梳齿的频率，$E_{A,m}$ 是第 m 个梳齿的振幅，$\Phi_A(t, z)$ 是光学频率梳 A 的脉冲序列在位置 z 和时间 t 的相位。光学频率梳 A 和光学频率梳 B 的重复频率分别为 $f_{r,A}(t) = (2\pi)^{-1} d\Phi_A(t, z_A)/dt$ 和 $f_{r,B}(t) = (2\pi)^{-1} d\Phi_B(t, z_B)/dt$，重复频率对于其各自的时基都是一致的，定义为 $\hat{f}_r$（假定为 200 MHz），因此，方程(3.34)通常是指数为 $2\pi m \hat{f}_r t + \Phi(0, z_A)$ 的梳状方程。定义光学频率梳 X 的重复频率 $f_{r,X}(t) = (2\pi)^{-1} d\Phi_X(t, z)/dt$ 的偏移量为 Δf_r。这个偏移的重复频率 Δf_r 可设置整体测量的基本更新速率，假定为 2 kHz。

在数学上，主光学频率梳 A 和传递光学频率梳 X 之间外差信号的强度（即主光学频率梳-传递光学频率梳）为

$$I_{AX}(t, z_A) = e^{i2\pi(\tilde{v}_X - \tilde{v}_A)t} \sum_{m'} E_{A,m'}^* e^{-im'\Phi_A(t, z_A)} \times \sum_m E_{X,m} e^{im\Phi_X(t, z_A)} + \cdots \tag{3.35}$$

光学频率梳 A 和光学频率梳 X 之间的数字化干涉如图 3.20 所示。

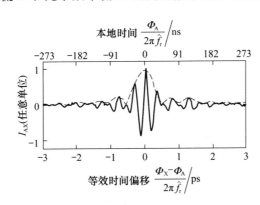

图 3.20　光学频率梳 A 和光学频率梳 X 之间的数字化干涉图[34]

为了找到图 3.20 中曲线的中心，首先通过匹配滤波器对其进行滤波，然后应用希尔伯特变换生成包络函数（虚线），接着进行子样本插值，以找到其精确的峰值位置。

可以看出，采用外差方法进行相位测量时脉宽从皮秒级变成纳秒级，相位信息更容易提取。图 3.20 中包络的峰值表示两外差光学频率梳的相

位差为 2π 的整数倍。

同理，可以得到远端光学频率梳-传递光学频率梳的干涉信号，记为 $I_{BX}(t,z_A)$，传递光学频率梳-远端光学频率梳的干涉信号记为 $I_{XB}(t,z_B)$。去掉载波项，三个干涉信号分别为

$$I_{AX}(t,z_A) = \sum_m E_{X,m} E_{A,m}^* e^{im[\Phi_X(t,z_A)-\Phi_A(t,z_A)]} \tag{3.36}$$

$$I_{BX}(t,z_A) = \sum_m E_{X,m} E_{B,m}^* e^{im[\Phi_X(t,z_A)-\Phi_B(t,z_A)]} \tag{3.37}$$

$$I_{XB}(t,z_B) = \sum_m E_{B,m}^* E_{X,m} e^{im[\Phi_X(t,z_B)-\Phi_B(t,z_B)]} \tag{3.38}$$

如图 3.21 所示，每当相位差为 2π 的整数倍时，上述这些求和的式子则描述了一系列干涉图样（峰值），它们以 Δf_r 的频率重复。假设 I_{AX} 代表的干涉图样引入整数 p_{AX}，其对应出现在时间 $t=t_{p_{AX}}$（A 信号到达 A 与 X

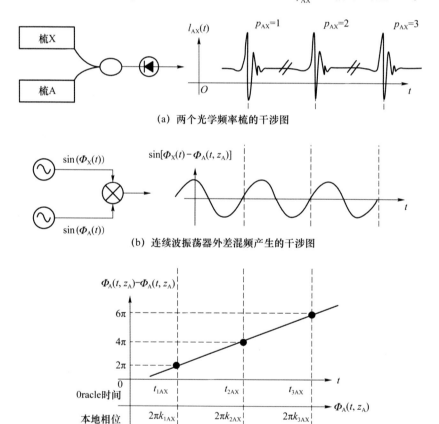

(a) 两个光学频率梳的干涉图

(b) 连续波振荡器外差混频产生的干涉图

(c) 相位差分

图 3.21　两个光学频率梳之间的干涉信号及其相位差表示

的干涉参考面的时间）的连续干涉图峰值，对其进行计数，从而得到 $\Phi_X(t_{p_{AX}}, z_A) - \Phi_A(t_{p_{AX}}, z_A) = 2\pi p_{AX}$。当然，也无法直接得到 $t_{p_{AX}}$。反之，可以得到相对于本地模数转换器的时钟的干涉图峰值位置：$\Phi_A(t_{p_{AX}}, z_A) \equiv 2\pi k_{p_{AX}}$〔见图 3.21(c)〕。对输入干涉图信号应用匹配滤波器，进行希尔伯特变换，以找到包络并拟合峰值（见图 3.20），接着进行子样本插值，以找到其精确的峰值位，记录对应于 p_{AX} 干涉图的模数转换器样本数 $k_{p_{AX}}$，最终结果是一组成对的值 $\{p_{AX}, k_{p_{AX}}\}$。

同理，对于干涉图样 I_{BX} 和 I_{XB}，引入类似的整数 p_{BX} 和 p_{XB}，对出现在时间 $t_{p_{BX}}$ 和 $t_{p_{XB}}$ 的连续的干涉图峰值进行计数。对于 I_{BX}，发现干涉图峰值。位置是相对于本地端 A 的模数转换器的时钟 $k_{p_{BX}}$，而对于 I_{XB}，发现干涉图峰值位置是相对于远端 B 的模数转换器时钟的 $k_{p_{BX}}$。在这些情况下，入射的梳状光以及干涉图会受到多普勒频移的影响，无法通过与 $k_{p_{AX}}$ 相同的匹配滤波方法找到峰值位置，因为提取的峰值和色散引起的多普勒频移之间存在耦合。因此，可以使用交叉模糊函数搜索的方法，最终得到两组成对的值 $\{p_{BX}, k_{p_{BX}}\}$ 和 $\{p_{XB}, k_{p_{XB}}\}$。

将干涉图峰值记录的数据对与梳状相位联系起来。

在本地端 A，主光学频率梳-传递光学频率梳的干涉图为

$$\Phi_X(t_{p_{AX}}, z_A) - \Phi_A(t_{p_{AX}}, z_A) = 2\pi p_{AX} \tag{3.39}$$

$$\Phi_A(t_{p_{AX}}, z_A) \equiv 2\pi K_{p_{AX}} \tag{3.40}$$

在本地端 A，远端光学频率梳-传递光学频率梳的干涉图为

$$\Phi_X(t_{p_{BX}}, z_A) - \Phi_B(t_{p_{BX}}, z_A) = 2\pi p_{BX} \tag{3.41}$$

$$\Phi_A(t_{p_{BX}}, z_A) \equiv 2\pi K_{p_{BX}} \tag{3.42}$$

在远端 B，传递光学频率梳-远端光学频率梳的干涉图为

$$\Phi_X(t_{p_{XB}}, z_B) - \Phi_B(t_{p_{XB}}, z_B) = 2\pi p_{XB} \tag{3.43}$$

$$\Phi_B(t_{p_{XB}}, z_B) \equiv 2\pi K_{p_{XB}} \tag{3.44}$$

在式(3.39)～式(3.44)中，光学频率梳相位在左侧，实际测量的量在右侧。

为了得到双向时间同步的方程，假定每次更新时间间隔为 $1/\Delta f_r$，则会发生以下两个事件。

事件 1：光学频率梳 A 的时间（或相位）有效地传递到远端 B，在 $t = t_{p_{XB}}$ 时，I_{XB} 干涉图记录到第 p_{XB} 个峰值。在传统的双向时间同步中，记录从站

点 A 出发的 T_{AA} 时刻（根据本地端 A 的时基测量）和到达远端 B 的时刻 T_{AB}（根据远端 B 的时基测量）。

经上述分析，对于事件 1，可以定义为

$$
\begin{cases}
T_{AB} \equiv (2\pi \hat{f}_r)^{-1} \Phi_B(t_{p_{XB}}, z_B), \\
T_{AA} \equiv (2\pi \hat{f}_r)^{-1} \Phi_A(t_{p_{XB}} - T_{A \to B}(t_{p_{XB}}), z_A)
\end{cases}
\tag{3.45}
$$

其中，$\hat{f}_r$ 为标称重复频率，通过 $\hat{f}_r$ 可以将相位信息转换成时间信息；$T_{A \to B}(t_{p_{XB}})$ 是信号在时间 $t_{p_{XB}}$ 到达远端 B 的飞行时间。因此，可以得到一对与每个 p_{XB} 相关联的 T_{AB} 和 T_{AA} 的方程式。

事件 2：光学频率梳 B 的时间（或相位）有效传递到本地端 A，在 $t = t_{p_{BX}}$ 时，I_{BX} 干涉图记录到第 p_{BX} 个峰值。同样，在传统的双向时间同步中，将从远端 B 出发的时间记为 T_{BB}（根据远端 B 的时基测量）和到达本地端 A 的到达时间记为 T_{BA}（根据本地端 A 的时基测量）。

同理，对于事件 2，定义为

$$
\begin{cases}
T_{BA} \equiv (2\pi \hat{f}_r) - \Phi_A(t_{p_{BX}}, z_A) \\
T_{BB} \equiv (2\pi \hat{f}_r) - \Phi_B(t_{p_{BX}} - T_{B \to A}(t_{p_{BX}}), z_B)
\end{cases}
\tag{3.46}
$$

其中，$T_{B \to A}(t_{p_{BX}})$ 是事件在时间 $t_{p_{BX}}$ 到达站点 A 的飞行时间。因此，可以得到一对与每个 p_{XB} 相关联的 T_{BA} 和 T_{BB} 的方程式。

我们可以把式（3.45）和式（3.46）与实际测量值和方程式（3.39）～式（3.44）联系起来，经推导可以得到：

$$
\hat{f}_r T_{AA} = k_{p_{XB}} - \frac{\Delta f_r}{\hat{f}_r + \Delta f_r}(k_{p_{XB}} - k_{p_{AX}} + p_{XB} - p_{AX}) + p_{XB} - p_{AX}
$$

$$\tag{3.47a}$$

$$
\hat{f}_r T_{AB} = k_{p_{XB}}
\tag{3.47b}
$$

$$
\hat{f}_r T_{BB} = k_{p_{BX}} + \frac{\Delta f_r}{\hat{f}_r}(k_{p_{BX}} - k_{p_{AX}}) + p_{AX} - p_{BX}
\tag{3.47c}
$$

$$
\hat{f}_r T_{BA} = k_{p_{BX}}
\tag{3.47d}
$$

通过式（3.47）将实际测量值转换为双向时间同步中的时间量，通过式（3.48）即可得到两时钟间的时间偏差。

$$\Delta t_{AB} = \frac{1}{2}\left[T_{AA} - T_{AB} - T_{BB} + T_{BA}\right] \tag{3.48}$$

3.3 多节点星状拓扑结构光纤时频传递系统

传统的站点间时频同步大多采用在不同源架构下的比对技术,通信物理载体往往采用微波或星载转发系统。在不同源的架构下,单个站点都必须安装本地频率源,这给系统带来了成本和维护的负担。同时,由于不同本振频率源之间必然存在差异,以及受比对通信信道和比对技术的影响,同步的精度受到很大的限制。以光纤通信网络为物理载体的站点间的精密频率传递和时间同步技术研究,发展同源一对一、一对多的高精度播发技术[35-36],并在此基础上提高站点间时间同步精度,为多地原子钟比对、射频探测阵列、卫星导航等重要应用提供核心技术支撑。

图 3.22(a)为多节点频率传递和时间同步系统框图,其中包括一个一级节点、一个二级节点和两个三级节点;图 3.22(b)为系统的结构图。首先,一级节点和二级节点之间完成两个节点间的高精度频率传递,在二级节点可以复现一级节点的频率基准信号;其次,以二级节点为中心节点,按照星状拓扑将二级节点"再现"的频率基准信号分布到三级节点,使得三级节点同样可以复现一级节点的频率基准信号。

在短距离的高精度频率分布系统中,远端不需要使用中继站,因此,三级节点的高精度频率传递系统的成本以及复杂度不会显著增加,这也为满足较为密集的多用户的星状网络情况提供了解决方案。

在多节点系统的评估中,需要评估二级节点与一级节点的频率传递稳定度和时间同步的准确度、稳定度,同时,也需要评估三级节点与一级节点之间的频率传递指标和时间同步指标。根据场合的不同,可以选择多种评估方式的组合。

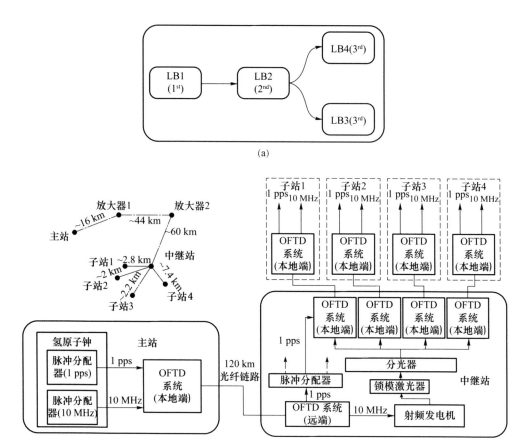

图 3.22　多节点频率传递和时间同步系统框图（OFTD 表示光时频传输）

3.4　小　　结

  本章系统地介绍了基于光纤网络的高精度时频传递相位抖动补偿关键技术，从频率传递相位抖动补偿和时间同步相位抖动补偿两方面展开叙述。在频率传递技术中，本章介绍了可调谐光延迟线法、电学相位补偿法、被动补偿法、主动补偿法和数字式前馈位相补偿法五种不同的相位抖动补偿技术方案。在时间同步方面，本章主要介绍了电延迟线法、光延迟线法以及光学采样法。最后，本章介绍了在实际敷设的电信级光纤中进行的多节点星状拓扑结构光纤时频传递系统方案的验证。

本章参考文献

［1］　FOREMA S M . Remote transfer of ultrastable frequency references via fiber networks［J］. Review of entific Instruments，2007，78（2）：021101.

［2］　SHEN J G，WU G L，HU L，et al. Active phase drift cancellation for optic-fiber frequency transfer using a photonic radio-frequency phase shifter［J］. Optics Letters，2014，39（8）：2346-2349.

［3］　YIN F F，WU Z L，DAI Y T，et al. Stable fiber-optic time transfer by active radio frequency phase locking［J］. Optics Letters，2014，39（10）：3054-3057.

［4］　WU Z L，DAI Y T，YIN F F，et al. Stable radio frequency phase delivery by rapid and endless post error cancellation［J］. Optics Letters，2013，38（7）：1098.

［5］　北京高光科技有限公司. 高光科技主要产品［EB/OL］.［2020-08-03］. http://www.clight.com.cn.

［6］　MARRA G，SLAVÍK R，MARGOLIS H S，et al. High-resolution microwave frequency transfer over an 86-km-long optical fiber network using a mode-locked laser［J］. Optics Letters，2011，36（4）：511-513.

［7］　MARRA G，MARGOLIS H S，LEA S N，et al. High-stability microwave frequency transfer by propagation of an optical frequency comb over 50 km of optical fiber［J］. Optics Letters，2010，35（7）：1025-1530.

［8］　SLIWCZYNSKI L，PRZEMYSŁAW K，BUCZEK L，et al. Active Propagation Delay Stabilization for Fiber-Optic Frequency Distribution Using Controlled Electronic Delay Lines［J］. IEEE Transactions on Instrumentation and Measurement，2011，60（4）：1480-1488.

［9］　HOU D，LI P，LIU C，et al. Long-term stable frequency transfer over an urban fiber link using microwave phase stabilization[J]. Optics Express，2011，19(2):506-11.

[10] PAN S L，WEI J，ZHANG F Z. Passive phase correction for stable radio frequency transfer via optical fiber[J]. Photonic Network Communications，2016，31(2):327-335.

[11] LOPEZ O，AMY-KLEIN A，DAUSSY C，et al. 86-km optical link with a resolution of 2×10^{-18} for RF frequency transfer[J]. European Physical Journal D，2008，48(1):35-41.

[12] PRIMAS L，LUTES G，SYDNOR R. Fiber optic frequency transfer link[C] // Proceedings of the 42nd Annual Frequency Control Symposium. Baltimore：IEEE，1988:478-484.

[13] HE Y，BALDWIN K G H，ORR B J，et al. Long-distance telecom-fiber transfer of a radio-frequency reference for radio astronomy [J]. Optica，2018，5(2):138. .

[14] MA L S，JUNGNER P，YE J，et al. Delivering the same optical frequency at two places：accurate cancellation of phase noise introduced by an optical fiber or other time-varying path[J]. Optics Letters，1994，19(21):1777-1779.

[15] GROSCHE G，TERRA O，PREDEHL K，et al. Optical frequency transfer via 146 km fiber link with 10^{-19} relative accuracy[J]. Optics Letters，2009，34(15):2270-2272.

[16] DROSTE S，PREDEHL K，ALNIS J，et al. Optical frequency transfer via 920 km fiber link with 10^{-19} relative accuracy[C] // 2012 Conference on Lasers and Electro-Optics (CLEO). San Jose：IEEE，2012:1-2.

[17] DROSTE S，OZIMEK F，UDEM T，et al. Optical-frequency transfer over a single-span 1840 km fiber link[J]. Physical Review Letters，2013，111(11):110801.

[18] 刘杰,高静,许冠军,等. 基于光纤的光学频率传递研究[J]. 物理学报，2015，64(12):120602.

[19] 曹群. 基于光纤的光学频率比对与传递研究[D]. 北京：中国科学院大学，2017.

[20] MA C Q,LI-FEI W,JIANG Y Y,et al. Optical coherence transfer over 50-km spooled fiber with frequency instability of 2×10^{-17} at 1 s[J]. Chinese Physics B, 2015,24(8):084209.

[21] JUNG K,SHIN J,KANG J, et al. Frequency comb-based microwave transfer over fiber with 7×10^{-19} instability using fiber-loop optical-microwave phase detectors[J]. Optics Letters, 2014,39(6):1577-1580.

[22] MARRA G,SLAVÍK R,MARGOLIS H S,et al. High-resolution microwave frequency transfer over an 86-km-long optical fiber network using a mode-locked laser[J]. Optics Letters, 2011,36(4):511-513.

[23] HIRABAYASHI H, HIROSAWA H, KOBAYASHI H,et al. The VLBI space observatory programme and the radio-astronomical satellite HALCA [J]. Publication Astronomical Society of Japan, 2000,52(6):955-965.

[24] SKA[EB/OL]. [2020-08-03]. http://skatelescope. org/.

[25] WANG B,GAO C,CHEN W L,et al. Precise and continuous time and frequency synchronisation at the 5×10^{-19} accuracy level[J]. Scirntific Reports, 2012,2:556.

[26] JUNG K,SHIN J,KANG J,et al. Frequency comb-based microwave transfer over fiber with 7×10^{-19} instability using fiber-loop optical-microwave phase detectors [J]. Optics Letters, 2014, 39 (6): 1577-1580.

[27] 王婉. 高精度可调节模拟延迟线设计[D]. 南京:东南大学,2017.

[28] KREHLIK P,ŚLIWCZYŃSKI L,BUCZEK L,et al. ELSTAB-fiber optic time and frequency distribution technology-a general characterization and fundamental limits [J]. IEEE Transactions on Ultrasonics Ferroelectrics & Frequency Control, 2010, 63 (7): 993-1004.

[29] KREHLIKP, ŚLIWCZYŃSKI L, BUCZEK L, et al. Utrastable long-distance fibre-optic time transfer:active compensation over a

wide range of delays[J]. Metrologia，2015，52(1)：82-88.

[30]　RAJIV R，KUMAR N S，GALEN H S. Optical Networks[M]. 3rd ed. San Francisco：Morgan Kaufmann Publishers，2010：893.

[31]　邱志成,史双瑾,邱琪. 高精度光纤延迟线的研究[J]. 光电工程，2009,36(6)：72-75.

[32]　吴雷. 温控高精度大范围连续可调光纤延迟线的研究[D]. 上海：上海交通大学,2011.

[33]　李奥波,马骏. 基于 PLZT 陶瓷片光照调谐光纤光栅延迟线[C]//第十七届全国光学测试学术交流会摘要集. 长春：[s. n.]，2018：236.

[34]　SINCLAIR L C，BERGERON H，SWANN W C，et al. Femtosecond optical two-way time-frequency transfer in the presence of motion[J]. Physical Review A，2019,99(2)：4-10.

[35]　SCHEDIWY S W，GOZZARD D，BALDWIN K G H，et al. High-precision optical-frequency dissemination on branching optical-fiber networks[J]. Optics Letters，2013,38(15)：2893-2896.

[36]　KREHLIK P，SLIWCZYNSKI L，BUCZEK L，et al. Multipoint dissemination of RF frequency in fiber optic link with stabilized propagation delay［J］. IEEE Transactions on Ultrasonics Ferroelectrics and Frequency Control，2013,60(9)：1804-1810.

第4章

高精度时间频率传递的测量方法

对于利用光纤链路作为传输媒介进行的高精度时间频率传递,时间频率基准(本地端)与用户端(远端)在地理上处于两个不同的位置,有一些仪器设备是不能搬到同一个地方来进行评估的,因此,需要有远程的评估方法。本章主要介绍几种远程的评估方法。

4.1 自外差比对法

自外差比对法是基于光纤精密频率传递测量方法中最常见的一种方法。有许多学者[1-4]用此方法来评价远端(用户端)的频率稳定度。频率信号传递的秒稳定度和天稳定度,以及时间信号传递的同步精度在测试方法上是一致的,都归结为"自外差比对法",其原理如图 4.1 所示。将本地端时频源产生的时频信号一分为二后,一路作为参考信号,另一路经过光纤链路传递到用户端后与参考信号拍频,即可得到光纤时频传递系统的传递精度。但是如果本地端、远端不在同一个地方,那该方法就失效了。因此,该方法在设计系统时会将本地端和远端利用光纤还回到同一个地点,这样就可以比较基准信号与用户信号的频率稳定度。

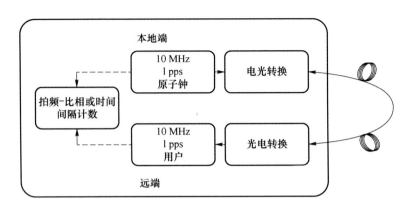

图 4.1　自外差比对法原理框图

4.2　双系统法

双系统法可以验证在地理位置不同地点的本地端和远端的频率稳定度,第二个系统的时频基准不用原子钟,而用第一个系统传过去的时间频率作为基准。这样两个系统在同一端做比较,可以检验出传递系统的频率稳定度。当认为两套被测频率标准的稳定度相同时,每套频率标准的阿仑方差为[5]

$$\sigma_1 = \sigma_2 = \sqrt{\frac{\sigma_{12}^2}{2}} = \frac{\sigma_{12}}{\sqrt{2}} \tag{4.1}$$

在基于光纤的频率传递系统中,当用户端和本地端相隔很远,参考信号无法直接理想地传递到用户端时,采用将远地端信号还回到本地端并与参考信号拍频的方法,定义此时测得的传递性能为系统的往返传递精度。若两次时频信号传递占用的光纤长度相同,且传递系统之间相互独立,则可认为单向传递频率稳定度是转接回传频率稳定度的 $\frac{1}{\sqrt{2}}$,等效于单向时频传递性能。其原理如图 4.2 所示。

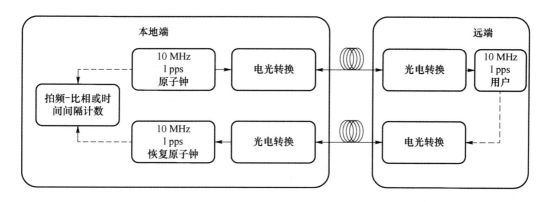

图 4.2　双系统法的原理

4.3　搬运钟法

搬运钟法是一种既古老又年轻的时间、频率比对方法。1958 年,在美国海军天文台与英国国家物理实验室之间,首次搬运原子钟,进行了一次频率比对的实验。1959 年通过搬运原子钟,进行了一次世界范围内的时间同步实验。随着原子钟性能的不断改进和提高,它已成为最准确、最可靠的时间、频率比对方法之一[5]。

4.3.1　搬运钟法的基本原理

双系统法可以测量地理位置上两地点的频率传递稳定度,但是付出的代价是成本高,因为需要两套一模一样的系统放置在两地互相验证,为此,搬运钟法可以作为一种手段辅助验证基于光纤频率传递的时间同步系统的准确度。

搬运钟法[6-7]将一台高稳的原子钟(如铯钟)作为基准,先将本地端待传递的时间信号与其比对,记录其差值

$$X_1 = T_{c1} - T_{ref1} \tag{4.2}$$

其中,T_{c1} 为在 t_1 时刻搬运的原子钟 1 pps 信号,T_{ref1} 为时频基准站传递系统 1 pps 信号。

再将远端给用户的时间信号与基准原子钟比对,记录其差值:

$$X_2 = T_{c2} - T_{ref2} \tag{4.3}$$

其中,T_{c2} 为在 t_2 时刻搬运的原子钟 1 pps 信号,T_{ref2} 为用户站系统 1 pps 信号。

最后回来再将本地端待传递的时间信号与基准原子钟比对,并将测量数据存储在计算机,完成闭环,计算出频率稳定度以及时间同步精度。搬运钟法的原理如图 4.3 所示。

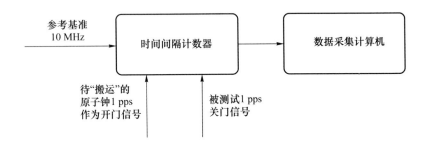

图 4.3 搬运钟法的原理框图

由 t_1 时刻到 t_2 时刻,有

$$T_{c2} = T_{c1} + (t_2 - t_1)f_c \tag{4.4}$$

$$T_{ref2} = T_{ref1} + (t_2 - t_1)f_{ref} \tag{4.5}$$

其中,f_c、f_{ref} 分别是待搬运的原子钟和基准信号的频率准确度。

由式(4.4)~(4.5)可得

$$T_{c2} - T_{ref2} = T_{c1} + (t_2 - t_1)f_c - T_{ref1} - (t_2 - t_1)f_{ref} \tag{4.6}$$

整理得

$$X_2 = X_1 + (t_2 - t_1)(f_c - f_{ref}) \tag{4.7}$$

其中,$(f_c - f_{ref})$ 即待搬运的原子钟与基准信号的相对频率偏差。在恒温恒湿无振动的情况下,两频标相对频率偏差变化较小,以 Δf 表示,扣除变化量,即得 $X_2 \approx X_1$。

4.3.2 搬运钟法实例

本节主要介绍用搬运钟法来评价基于光纤链路的时间同步精度。搬运钟法是较为常用的一种方法。搬运钟法顾名思义是搬着钟跑去测试各个地点的准确度,但是搬着钟跑也不是件容易的事情,影响钟性能的环境因素有很多,如温度、湿度、磁场、振动、大气压等,而且如果搬运钟的时间过长,累积影响过大,就需要对其进行修正了。下面重点介绍在整个系统中搬运钟是如何进行测试的,以及在测试过程中如何对钟进行修正的[8]。

在本地端基准站配置一台型号为瑞士 5585B 型号的铯钟。在试验开始前,将铯钟接入由不间断电源(Uninterruptible Power Supply,UPS)电源提供的 220 V 交流电(此时 UPS 接市电),开机预热 30 分钟,待铯钟锁定后(前面板指示灯变为绿色)进行测试。

将铯钟 1 pps 信号与本地端时频基准站传递系统 1 pps 信号接入时间间隔计数器,以本地端时频基准站传递系统 1 pps 信号 T_{ref} 为关门信号,以铯钟 1 pps 信号 T_{Cs} 为开门信号,测量铯钟 1 pps 信号与时频基准站传递系统 1 pps 信号的时差值,频度为每秒 1 次,共测量 2 小时,数据采集计算机接收测量数据,并计算铯钟与时频基准站的相对频率偏差 Δf;在 t_1 时刻,以运管系统从站一类时频传递系统输出的 1 pps 信号 T_{ref1} 为关门信号,以铯钟 1 pps 信号 T_{Cs1} 为开门信号,接入时间间隔计数器进行测量,每秒 1 次地采集 10 次数据后取平均,将测量数据 X_1 存入数据采集计算机。

将 UPS 断开市电,此时铯钟完全依赖 UPS 供电,将铯钟搬运至远端。在 t_2 时刻,以远端输出的 1 pps 信号 T_{ref2} 为关门信号,以铯钟 1 pps 信号 T_{Cs2} 为开门信号,接入时间间隔计数器进行测量,每秒 1 次地采集 10 次数据后取平均,将测量数据 X_2 存入数据采集计算机。

在 t_1 时刻铯钟 1 pps 信号 T_{Cs1} 与时频基准传递系统 1 pps 信号 T_{ref1} 之差为 X_1。

$$X_1 = T_{Cs1} - T_{ref1} \tag{4.8}$$

铯钟搬运至远端后,在 t_2 时刻铯钟 1 pps 信号 T_{Cs2} 与远端 1 pps 信号 T_{ref2} 之差为 X_2。

$$X_2 = T_{Cs2} - T_{ref2} \tag{4.9}$$

由 t_1 时刻到 t_2 时刻,有

$$T_{Cs2} = T_{Cs1} + (t_2 - t_1) f_{Cs} \tag{4.10}$$

$$T_{ref2} = T_{ref1} + (t_2 - t_1) f_{ref} \tag{4.11}$$

其中,f_{Cs}、f_{ref} 分别是铯钟和基准信号的频率准确度。

由式(4.10)、式(4.11)可得

$$T_{Cs2} - T_{ref2} = T_{Cs1} + (t_2 - t_1)f_{Cs} - T_{ref1} - (t_2 - t_1)f_{ref} \qquad (4.12)$$

将式(4.8)、式(4.9)代入式(4.12),可得

$$X_2 = X_1 + (t_2 - t_1)(f_{Cs} - f_{ref}) \qquad (4.13)$$

其中,$(f_{Cs} - f_{ref})$即铯钟与基准信号的相对频率偏差。在恒温恒湿无振动的情况下,两频标相对频率偏差变化较小,以 Δf 表示。但铯钟在搬运过程中会受环境和温度影响而发生频率变化,基准信号在这一过程中变化极小,此时两者的相对频率偏差 $\Delta f'$ 与 Δf 之间存在环境变化误差δ,即

$$\Delta f' = \Delta f + \delta \qquad (4.14)$$

将式(4.14)代入式(4.13),可得

$$X_2 = X_1 + (t_2 - t_1)(\Delta f + \delta) \qquad (4.15)$$

即

$$(t_2 - t_1)\delta = (X_2 - X_1) - (t_2 - t_1)\Delta f \qquad (4.16)$$

令 $R = (t_2 - t_1)\delta$,则

$$R = (X_2 - X_1) - (t_2 - t_1)\Delta f \qquad (4.17)$$

其中,R 为搬运钟法测得的时频基准站与远端的时间同步精度。

4.4 小 结

本章系统介绍了高精度时间频率传递的测量方法,包括自外差比对法、双系统法、搬运钟法。自外差比对法是国际上采用的方法,可评估远程时频传递系统的频率传递稳定度。双系统法是指采用两套完全一致的系统来评估地理上位置两地的频率传递稳定度。搬运钟法可以作为一种手段辅助验证远程时间同步系统的准确度。本章还系统地介绍了采用搬运钟法验证两地时间同步系统的准确度。

本章参考文献

[1] MULLAVEY A J,SLAGMOLEN B J J,SHADDOCK D A,et al.
     Stable transfer of an optical frequency standard via a 4.6 km optical

fiber[J]. Optics Express，2010，18(5)：5213-5220.

[2]　DAUSSY C，LOPEZ O，AMY-KLEIN A，et al. Long-distance frequency dissemination with a resolution of 10^{-17} [J]. Physical Review Letters，2005，94(20)：203904.

[3]　LOPEZ O，CHANTEAU B，RONCIN V，et al. Progress on an optical link for ultra-stable frequency dissemination using a public telecommunication network[C]// 2011 Joint Conference of the IEEE International Frequency Control and the European Frequency and Time Forum (FCS) Proceedings. San Francisco：IEEE，2011：930-932.

[4]　HOLMAN K W，HUDSON D D，YE J. et al. Remote transfer of a high-stability and ultralow-jitter timing signal[J]. Optics Letters，2005，30(10)：1225-1227.

[5]　童宝润. 时间统一系统[M]. 北京：国防工业出版社，2003：504.

[6]　陈洪卿. 搬运钟同步中环境对钟的影响[J]. 时间频率学报，1980，2(1)：15-26.

[7]　美国海军天文台搬运钟进行中美直接时刻比对的结果[J]. 时间频率公报，1981，12：8-9.

[8]　TANG T，ZHAO N，ZHAO Y，et al. The performance testing method of optical fiber time synchronization in BeiDou ground-based navigation signal net[C]//第七届中国卫星导航学术年会论文集——S07 卫星导航增强技术. 长沙：[s. n.]，2016：80.

第 5 章

高精度时频传递技术应用实例

高精度频率传递和时间同步系统在通信、控制、航天和国防领域中有着广泛的和重要的应用,用于物理基本原理的测试、下一代 X 射线源的发展、长基线相干射电望远镜阵列、地球水平线测绘等。传统的高精度频率传递和时间同步方法有微波通信、GPS、双向卫星时间频率传输(Two-Way Satellite Time and Frequency Transfer,TWSTFT)技术等。本章以基于光学频率梳的时频传递为例,重点介绍其关键技术。在时间同步方面,本章主要以搬运钟法为例,介绍利用搬运钟法进行远距离时间同步的测量。

5.1 基于光学频率梳的高精度频率传递

利用光学频率梳进行高精度的频率传递无须外部调制,脉冲沿十分陡峭,信噪比高。滤波后的高次谐波信号可直接作为频率源,避免频率综合器等频率变换器件带来的附加噪声,而且其中有更高频率的谐波。在传递 100 MHz 频率的时候,也同时传递了 200 MHz,300 MHz,…,1 GHz 等。滤波出来的高次谐波信号可直接作为频率源,避免频率综合器等频率变换器件带来的附加噪声,如图 5.1 所示。

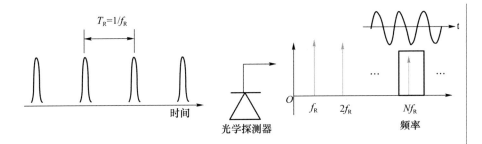

图 5.1 光学频率梳传递高次谐波示意图

5.1.1 光学频率梳的基本概念及原理

光学频率"梳"是一些离散的、等间距频率的、像梳子一样形状的光谱,就像生活中的梳子一样。光学频率梳利用锁模激光产生超短光脉冲,特色是相邻脉冲波的时间间隔一模一样。光学频率梳就像是一把拥有精密刻度的尺子或定时器,只不过一般的仪器以毫米、毫秒为单位,而光学频率梳在长度的测量上的精确度胜过纳米,在时间上则胜过飞秒,甚至达到阿秒。

光学频率梳由"锁模激光器"产生,是一种超短脉冲激光。超短光脉冲的载波由单一频率的光构成,这种光会在光谱上该频率处显示为一条竖线,表示只存在该频率的光波。在这里,锁模激光器发射的光脉冲的两个特征成了研制光学频率梳的关键。第一个特征是包络相对于载波发生微小位移,导致脉冲发生细微变化。脉冲包络的峰值可以和对应的载波波峰同时出现,也可以和偏移到载波的波峰同时出现,该偏移量被称为脉冲位相。第二个特征是锁模激光器以重复频率发射脉冲序列。这种脉冲序列光的频谱不是以载波频率为中心向两边连续延展,而是形成许多离散的频率。这个频谱分布很像梳齿,彼此间隔与激光器的重复频率精确相等。但在通常情况下,前后两个脉冲的位相会发生一些不可预知但却固定不变的偏移,这时,梳齿的频率会偏离重复频率的整数倍,出现零点漂移,使得梳齿频率不可确定。随着钛宝石激光器的出现,德国马普量子光学研究所的 Theodor. W. Hansch 利用新型激光器证明了输出光学频率梳输出光谱两端的光学频率梳谱线具有确切的对应关系,使得光学频率梳真正地可以被作为"光尺"使用。

图5.2是光学频率梳在时域以及频域的图形。$\Delta\varphi$ 和 f_{CEO} 在时域与频域的对应关系：①在时域，脉冲在腔内的相速度与群速度有差别，脉冲之间的载波与包络相对相位差 $\Delta\varphi$ 逐个叠加。②在频域，锁模激光器的频率梳的齿间隔是脉冲重复频率。整个频率梳被移动了 f_{rep} 的整数倍加上一个分数频移 f_{CEO}。没有主动稳定装置，f_{CEO} 是一个变动的量，对于激光器的微扰非常敏感。因此，在一个非稳定化的激光器中，脉冲与脉冲的相位以非确定方式变化。

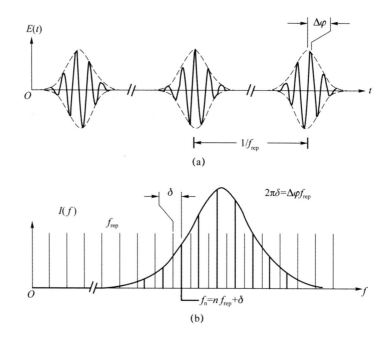

图5.2　光学频率梳在时域和频域的图形

如何来测量 f_{CEO} 呢？因为每个频率梳的梳齿都经历了同样的频移，所以不可能通过不同谐波之间的光学差拍来抽取这个频移。一个直接的方法是，把红端的频率倍频，并使之与既存的蓝端的频率重叠并比较。这样，这个最简单的差拍程序就需要脉冲具有一个倍频程的谱宽。这个方法称为基频-倍频自参考法（f-to-$2f$ Self-referencing）。如果脉冲谱宽不够一个倍频程，那么为了测量 f_{CEO}，则可以用 $2f$-to-$3f$ 法解决，以此类推，还可以用 $3f$-to-$4f$ 法等。

锁模是指在激光器谐振腔内所有振荡纵模之间具有确定的相位，当所有振荡模式的波峰相干叠加后,形成一个巨脉型脉冲,在谐振腔内每循环一次就输出一个脉冲,每秒能输出的脉冲的个数称为光纤激光器的重复频率。因此,可以看出重复频率与谐振腔腔长成反比,例如,100 MHz 重复频率的光纤激光器的腔长为 2 m。锁模在通常情况下分为主动与被动两种,主动锁模即在谐振腔内人为加入周期性的调制信号,诱发在激光增益线宽内的所有纵模谐振,从而启动锁模的方式,锁模后脉冲通常在皮秒量级,且重复频率较低,受外界环境温度振动影响较大。被动锁模又包括非线性偏振旋转(Nonlinear Polarization Evolution,NPE)锁模[1-2]、非线性环路镜(Nonlinear Amplifying Loop Mirror,NALM)锁模[3-6]以及可饱和吸收体(Saturable Absorber,SA)模型[7-8]三种。

下面重点介绍 NPE 锁模激光器原理。NPE 锁模激光器的搭建主要由两部分组成。光纤部分以及空间部分。光纤部分包括增益光纤、两只准直器的尾纤以及波分复用器。空间部分有 2 片四分之一玻片、1 片二分之一玻片、一片隔离器和一个偏振分束器[9]。NPE 锁模激光器的原理如图 5.3 所示。

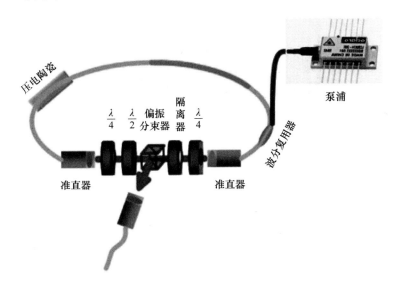

图 5.3　NPE 锁模激光器的原理

环形腔的非线性偏振旋转机制是以空间部分的偏振分光棱镜为起点,出射光为线偏振光,经过四分之一波片后变成椭圆偏振光,耦合进光纤部分;椭圆偏振光可以看作两束强度不同的左旋光与右旋光,由于光纤的三阶非线性折射率随光强的增大而增大,因此光纤对不同光强的光产生的非线性效应大小不同,两束光经过同样长度的光纤后产生的非线性相移不同,也就是说,椭圆偏振光在光纤中发生了非线性偏振旋转;由光纤耦合输出的激光进入四分之一波片后变成线偏振光,经过二分之一波片后,选择偏振方向,最后由偏振分光棱镜输出;调整二分之一波片的角度,选择光强较强,非线性偏振旋转较大的脉冲,而光强弱、非线性偏振旋转小的脉冲由于偏振选择损耗大于增益,从而逐渐消失掉,这等同于可饱和吸收体的作用;对于同一个脉冲而言,脉冲峰值处光强强,偏振选择损耗小,脉冲的前后沿光强弱,偏振选择损耗大,由此产生更窄的脉冲。因此非线性偏振选择既是保证锁模启动的机制,又是缩短脉冲宽度的机制。

作者将自行研制的光纤锁模激光器作为精密频率传递的光源,其实物图如图 5.4 所示。

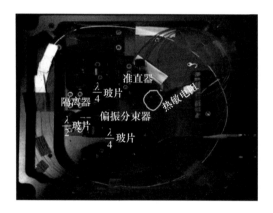

图 5.4　100 MHz 重复频率锁模激光器的实物图

图 5.4 所示的光纤锁模激光器的重复频率为 100 MHz 附近可调谐,锁模脉冲串在示波器以及频谱仪上的波形如图 5.5 及图 5.6 所示。

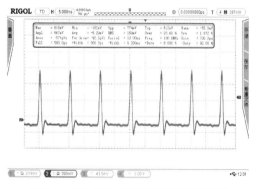

图 5.5　100 MHz 锁模脉冲串示波器图

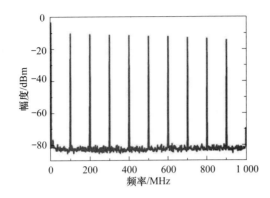

图 5.6　锁模脉冲串频谱仪图(分辨率带宽为 30 kHz)

在实验过程中光纤激光器的重复频率会随温度的变化而变化,因为重复频率与腔长成反比,而光纤受温度的影响会发生变化,因此,如何使光纤长度不受温度变化影响是至关重要的。温控是首要选择,利用半导体材料的珀尔帖效应制成的半导体致冷器(Thermo Electric Cooler,TEC)来进行控温。TEC 是贴在激光器盒子底部的,热敏电阻在图 5.4 所示的位置摆放。在不断实验后,发现激光器也会受到外界振动的影响,偏振会发生变化,从而影响锁模状态的稳定性,因此,我们将激光器放在一个隔热隔音的盒子中。

在图 5.7 中,曲线 1 代表激光器在没有盖盖子的时候自由运转的频率不稳定度,曲线 2 代表激光器盖子盖上的时候自由运转的频率不稳定度,曲线 3 代表激光器加了温控后的自由运转的频率不稳定度。从图 5.7 可以看出三者在秒稳处相差不大,但是从百秒稳开始,相差就变大了,加温控的频率不稳定度是最好的。从该图也可以看出,外界环境是没有控温的,因为长时间的不稳定度值都会向变大的方向发展的。因此,激光器要想长时间的频率不稳定度值变小的话,只有将其锁定在一台高稳的原子钟上。

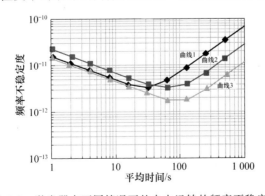

图 5.7　激光器在不同情况下的自由运转的频率不稳定度

5.1.2　光学频率梳与原子钟锁定的基本原理

光学频率梳输出的光脉冲重复频率是射频(100 MHz),如何将其转换成稳定的射频信号仍然有问题。通常的方法是用光电二极管(PIN管)。这种检测和转换装置一是信号幅度小,二是有振幅转换的噪声。为了提高频率转换过程中的稳定性,新型的低噪声光波-微波鉴相器就成为必需的装置。

韩国科技大学金正元(Jungwon Kim)小组[10]首次提出光波/微波鉴相器,并将其应用于实现微波信号与光学频率梳间的长时间、稳定的、高精度的同步。其作用在于探测并补偿相位噪声[11]。当时他们将这套系统命名为 Fiber-based Optical-Microwave Phase Detector。从 2014 年开始该小组将其改名为 Fiber Loop-based Optical-Microwave Phase Detector(FLOM-PD)[12]。FLOM-PD 一般用于产生超低相位噪声的微波射频源或锁模激光。在我们的时频传递系统中,FLOM-PD 用来实现光学频率梳的重复频率信号与原子钟射频信号的锁定。

(1) 两种同步方式的对比

在本地端与远端,光学频率梳与时钟(射频源)的同步方式有传统的电学方法。传统的电学方法是对光学频率梳信号与射频信号进行鉴相,产生的误差信号反馈回激光器,对激光器进行调整,从而实现二者的同步。这种方法存在的问题是以上二者进行鉴相时会产生一个微小的频差 Δf,激光器重复频率变化在基准频率 $\pm \Delta f$ 范围内都属于锁定状态,因此这个频差是无法消除的。这就会导致同步的精度降低。

我们将鉴相器换成 FLOM-PD 后就可避免之前的问题,因为对于FLOM-PD 来说,激光器重复频率稍有变化就会产生误差信号,通过反馈系统可对激光器进行调节。因此,从理论上看,由 FLOM-PD 组成的反馈系统比电学方法的反馈系统有优势。

(2) 光纤 Sagnac 环的原理

FLOM-PD 的核心结构是光纤 Sagnac 环,图 5.8 为其结构示意图。

我们定义分束比为 k,当 $E_2=0$ 时,

$$E_3 = \sqrt{k}E_1 \tag{5.1}$$

则可以得到

$$E_4 = i\sqrt{1-k}E_1 \tag{5.2}$$

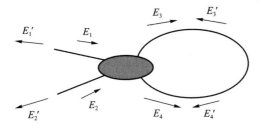

图 5.8　光纤 Sagnac 环结构

经过环路后的 E_3 变成 E_4'，E_4 变成 E_3'，考虑二者的相对相位差 $\Delta\varphi$，可以认为

$$E_4' = E_3 \cdot e^{i\Delta\varphi} = \sqrt{k}e^{i\Delta\varphi}E_1 \tag{5.3}$$

$$E_3' = E_4 = i\sqrt{1-k}E_1 \tag{5.4}$$

可以得到出射的公式为

$$\begin{aligned} E_1' &= \sqrt{k}E_3' + i\sqrt{1-k}E_4' \\ &= i\sqrt{k(1-k)}(1+e^{i\Delta\varphi})E_1 \end{aligned} \tag{5.5}$$

$$\begin{aligned} E_2' &= i\sqrt{1-k}E_3' + \sqrt{k}E_4' \\ &= (k-1+ke^{i\Delta\varphi})E_1 \end{aligned} \tag{5.6}$$

输出功率为

$$P_1' = k(1-k)(1+e^{i\Delta\varphi})(1+e^{-i\Delta\varphi})P_1 = 2k(1-k)(1+\cos\Delta\varphi)P_1 \tag{5.7}$$

$$P_2' = (k-1+ke^{i\Delta\varphi})(k-1+ke^{-i\Delta\varphi})P_1 = 2k(k-1)(1+\cos\Delta\varphi)+1]P_1 \tag{5.8}$$

当 $k=0.5$（即耦合器分束比为 50∶50）时，

$$P_1' = P_1 \cdot \cos^2(\Delta\varphi/2) \tag{5.9}$$

$$P_2' = P_1 \cdot \sin^2(\Delta\varphi/2) \tag{5.10}$$

当相位差 $\Delta\varphi = \pi/2$ 时，平衡探测器输出：

$$P_{\text{error}} = P_1' - P_2' = 0 \tag{5.11}$$

为了保证在不加调制信号的情况下正反两方向相位差为 $\pi/2$，从而使两个输出信号相等，我们添加了相位偏置。

（3）相位偏置结构的原理

从一端准直器输出的激光依次经过半波片、法拉第旋转器、四分之一波片、法拉第旋转器后入射到另一端的准直器中,另一端准直器按相反方向经过空间。

由于两边都是从保偏光纤输出,所以输出激光都是线偏振光。半波片作用就是使两个方向的激光在经过法拉第旋转器之前偏振方向相同。

非互易相移原理如图 5.9 所示,两个法拉第旋转器反向放置,使从两个方向入射的光经过第一个法拉第旋转器后偏振方向旋转 45°,经过四分之一波片后,还能经过另一个法拉第旋转器转回到原来的偏振方向。

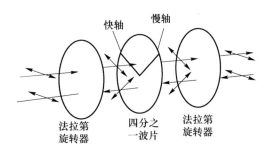

图 5.9　非互易相移原理图

四分之一波片使经过一个法拉第旋转器旋转了 45°的线偏振光正好与其快轴或慢轴方向一致,这样从另一个方向经过四分之一波片的线偏光会与波片的另一个轴方向一致。两个方向的线偏振光分别经过四分之一波片的快轴与慢轴后会产生一个 $\pi/2$ 的相位差,这就是整个空间光路产生 $\pi/2$ 相位差的机制。相位偏置的作用是使环路在没有信号输入或电光调制器(Electro-Optic Modulator,EOM)调制信号与光脉冲信号同步时,两个输出端输出的信号相等。

(4) FLOM-PD 结构与光微波鉴相原理

FLOM-PD 输入输出信号介绍如下。

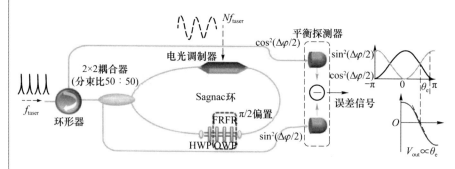

图 5.10　FLOM-PD 的结构图[11]

图 5.10 是实验中 FLOM-PD 的结构图。整个结构中使用的光纤均为熊猫型保偏光纤。光学频率梳信号经过偏振控制器与起偏器后的线偏振信号进入环形器。

在偏置调整准确,而 EOM 无射频信号输入的情况下,FLOM-PD 的两个输出端功率相同,因此平衡探测器的输出是零。当给 EOM 加上射频调制信号时,由于 EOM 是行波单向调制器,所以只给环内单一方向的光脉冲加调制电压,当射频信号频率不是光脉冲信号重复频率的整数倍时,EOM 就会对光脉冲信号产生调整,导致相位的变化,因此 FLOM-PD 的两个输出端输出功率也会不同,平衡探测器就会输出一个误差信号,这就是光微波鉴相器的原理。输出的误差信号再通过比例积分控制器控制激光器中的 PZT 电压,改变光纤激光器的腔长,从而改变激光器的重复频率,使射频信号与其之间满足整数倍的关系。

5.1.3　同纤传递技术

在前期研究中,前向传递的发射光和后向反射的光是在两根光纤中传输的,因此产生传递中噪声和补偿的不对称性。之所以这样做,是因为光纤传输链路中有很多接头。这些接头会有部分光反射回发射端,发射端不能分辨反射回来的信号是从远端回传的光,还是从接头反射的光,因此无法进行鉴相和补偿。为了克服这个困难,前期研究都是用两根光纤,将前向和远端反射的光信号分开。但是这样做的问题是,两根光纤性质不可能是一致的,而且所受到的外界噪声扰动也不一定是一样的,因此补偿就不是完全的。光纤接头端面反射是主要的噪声来源,因此我们提出采用密集型波分复用技术,利用不同波长通道,来区分承载链路实际噪声信息的反馈信号与端面反射的背景噪声,而不是在物理上将实际光纤链路中的接头进行熔接,避免端面反射。

波分复用技术(Wavelength Division Multiplexing,WDM)是光纤通信中的一种传输技术,他可以将不同波长的光载波复用到一根光纤中进行传输[13-16]。我们选用标准的密集型 WDM,其有 8 个通道(♯30～♯37),每两个通道波长间隔是 0.8 nm,频率间隔是 100 GHz。对重复频率为 100 MHz 的光纤光学频率梳来说,通频带内有 1 000 个纵模(或 1 000 根梳齿),脉宽会减少到~3 ps,拍频信号信噪比可仍然保持在 70 dB。

同纤传递方案即前向传递和后向反射是同一根光纤,但是发射光和反射光之间有一个微小的移频。这个移频可以用电学方式产生,也可以用光学方式产生。但是用电学方式比较复杂,而且易引入新的噪声和延迟抖动。利用光脉冲在零色散光纤中产生的非线性效应,使光脉冲波长扩展到 DWDM 的相邻通道,从而完成后续的检测、补偿等。

1. 非线性移频的基本原理

光在光纤中传播时,由于具有高功率、长作用距离和小的截面等特点,容易出现非线性效应。这些非线性效应包括受激拉曼散射、受激布里渊散射、自相位调制、交叉相位调制、四波混频等[17-18]。

四波混频可以产生新的频率,因而可以扩展光谱。当以下相位匹配条件满足时,四波混频现象就可以观察到:

$$\Delta k = \Delta k_{\mathrm{M}} + \Delta k_{\mathrm{WG}} + \Delta k_{\mathrm{NL}} = 0 \qquad (5.12)$$

式中,Δk_{M}、Δk_{WG}、Δk_{NL} 分别代表材料色散、波导色散和由于非线性效应所导致折射率改变而引起的色散。

在色散位移光纤中,在零色散波长附近,四波混频的相位匹配条件容易满足。这是由于非常小的因材料色散带来的相位失配,可以由波导色散来补偿,而且,如果泵浦波长在反常色散区,由于材料色散和波导色散所带来的相位失配可以由非线性效应引起的色散来补偿。

对于最简单的简并四波混频(三波混频)的情况,只需要一束泵浦波就可以激发四波混频过程。频率为 ω_1 的强泵浦波产生两对称的边带,边带的频率分别为 ω_3 和 ω_4,其频移为

$$\Omega_s = \omega_1 - \omega_3 = \omega_4 - \omega_1 \qquad (5.13)$$

我们的实验就是利用比较强的 ps 量级锁模脉冲在零色散光纤中的四波混频效应使其波长扩展到相邻的通信信道,从而实现双向信号在同光纤中无干扰的传递。

2. 选取非线性光纤长度的方法

在实验中,要将远端♯33 通道接收到的光信号进行四波混频,以变换到相邻通道,因此,波长的变化为一个标准的 DWDM 通道(0.8 nm)。如何选取零色散光纤长度是一个重要的问题。下面,将详细叙述影响非线性光纤长度的因素[19]。

光纤中孤子的拉曼感应频移（Raman-Induced Self-Frequency Shift，RIFS)沿光纤长度线性增长

$$\Delta V_R(z) = -\frac{4T_R(\gamma P_0)^2 z}{15\pi |\beta_2|} \tag{5.14}$$

其中，拉曼参量为 $T_R = 3f_s$，色散为 $|\beta_2| = 3 \text{ fs}^2/\text{mm}$，$z$ 为非线性光纤长度，γ 为非线性光纤参量，$\gamma = 20 /\text{km/w}$，P_0 为峰值功率。举例说明 P_0 如何计算。

若有锁模脉冲光 10 mW 入纤，重复频率为 100 MHz，脉宽为 1 ps，则峰值功率为

$$P_0 = \frac{\dfrac{10 \text{ mW}}{100 \text{ MHz}}}{1 \text{ ps}} = 100 \text{ W} \tag{5.15}$$

若脉宽为 2 ps，重复频率不变，则需要提高入纤功率到 20 mW。

$$\Delta V_R(z) = -\frac{4T_R(\gamma P_0)^2 z}{15\pi |\beta_2|} \tag{5.16}$$

若要求频率变换一个通道，在实验中使用的是标准的密集型波分复用设备，两个通道间隔为 0.8 nm，对应 100 GHz，则所需要的非线性光纤长度为

$$\begin{aligned}
z &= -\frac{15\pi \Delta V_R(z) |\beta_2|}{4T_R(\gamma P_0)^2} \\
&= -\frac{15\pi \times 100 \text{ GHz} \times 3 \text{ fs}^2/\text{mm}}{4 \times 3 \text{ fs} \times (20 /\text{km/W} \times 100 \text{ W})^2} \\
&= 0.3 \text{ m}
\end{aligned} \tag{5.17}$$

由此可见，非线性光纤长度与入纤的峰值功率的平方成反比，与非线性光纤参量成反比，与色散成正比，与移频的量成正比。也就是说，入纤的峰值功率越低，越需要选择更长的非线性光纤。

光纤色散 D 与 β_2 之间的换算式如下：

$$D = -\frac{2\pi c}{\lambda^2} \beta_2 \tag{5.18}$$

其中，D 的单位是 ps/(km·nm)，β_2 是 fs^2/mm。

非线性光纤的非线性折射率系数与非线性参量的计算公式如下：

$$n_2 = \frac{\lambda A_{\text{eff}} \gamma}{2\pi} \tag{5.19}$$

其中，n_2 为非线性折射率系数，γ 为非线性参量，λ 是光波长，A_{eff} 是有效模

场面积。

假设零色散非线性光纤的 $n_2 = 2.62 \times 10^{-20}$ m²/W，入射波长为 $\lambda = 1\,550$ nm，有效模场面积为

$$A_{\mathrm{eff}} = \frac{\pi}{4}(10\ \mu\mathrm{m})^2 \tag{5.20}$$

则可以推出非线性参量为

$$\gamma = \frac{n_2 \times 2 \times \pi}{\lambda \times A_{\mathrm{eff}}} = 0.795\ /\mathrm{W}/\mathrm{km} \tag{5.21}$$

因此，在选取零色散非线性光纤长度要考虑入纤功率、非线性光纤的非线性参量、色散等因素，合理选择非线性光纤长度。

5.1.4　百公里级高精度时频传递技术实例

从图 5.11 可以看出，为了评估系统，将本地端和远端都放置在龙桥镇（LB）。利用在同一光缆中的两根光纤，将其在金堂（KT）通过双向光纤放大器及法兰盘连接在一起，构成 120 km 的一根光纤。

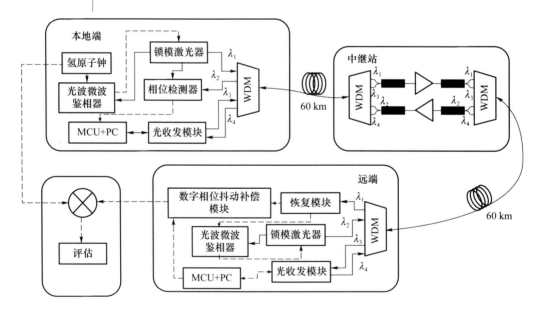

图 5.11　数字式前馈位相补偿技术原理框图

用光时域反射仪（Optical Time-Domain Reflectometer，OTDR）测量全段光纤损耗，损耗为 40.11 dB。在传递过程中，由于链路损耗，造成信

号质量下降,因此,我们在传递的链路中放置由我们小组自主研制的全光纤式双向 EDFA(Erbium-Doped Fiber Amplifier,掺铒光纤放大器),用以改善信号信噪比。图 5.12 为双向 EDFA 在实际光纤链路中的放置位置。为了克服损耗,我们在链路中的 3 个节点处放置了 5 个双向 EDFA。

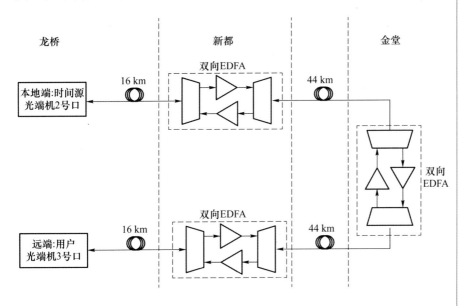

图 5.12　双向 EDFA 在实际光纤链路中的放置位置

在本地端(LB1)处放置了非线性偏振旋转锁模机制掺铒光纤锁模激光器,重复频率为 100 MHz,输出平均功率为 22 mW。将氢原子钟输出的 10 MHz 信号作为射频频率源的参考基准,射频频率源输出 900 MHz 射频信号通过光波-微波鉴相装置与掺铒光纤光学频率梳的重复频率锁定。FLOM-PD 是一种有效的射频-光频同步器,利用其锁定的优点可以抑制经光电探测器光电转换带来的幅度-相位噪声。

图 5.13 为整个 FLDM-PD 锁定系统的示意图。误差信号从平衡探测器输出,经过低通滤波后通过放大电路,放大后的误差信号进入比例积分控制器(PI Controller),调整比例积分参数,输出信号进入 PZT 驱动器,通过 PZT 驱动器驱动激光器中的 PZT,从而控制激光器腔长,达到反馈控制激光器重复频率的作用。图 5.14 所示为激光器与氢原子钟锁定的频率不稳定度。该测试是用相噪仪直接测试,以氢原子钟钟组输出的幅度为 8 dBm 的 10 MHz 频率信号作为相噪仪的参考输入,将激光器分频滤波输出的幅度为 8 dBm 的 10 MHz 频率信号作为测试信号得到的。从图 5.14 可

以看出,相对于激光器自由运转的频率不稳定度,激光器与原子钟锁定之后,短稳和长稳跟随着锁定的原子钟的稳定度。

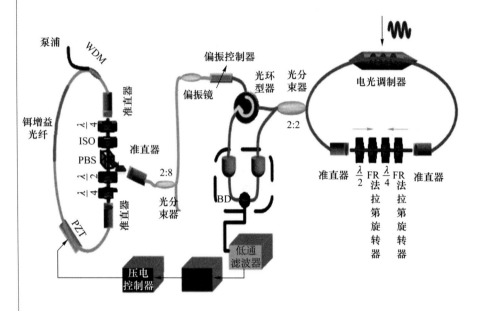

图 5.13　FLOM-PD 锁定系统的示意图(PBS 表示偏振光束器;ISO 表示隔离器)

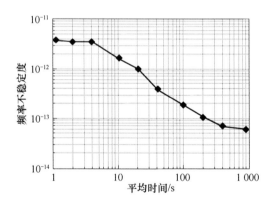

图 5.14　激光器与氢原子钟锁定的频率不稳定度

光纤链路的时延抖动产生的原因是温度、振动等环境参数的变化最终会反映为光纤链路光程的变化。为了补偿时延抖动,就需要设计方法来抵消这种链路光程的变化。将重复频率为 100 MHz 的光纤光学频率梳作为基准射频信号的载体并对远端基站进行发送,其中,一路本地信号在光电转换后作为激光相位锁定的参考信号,另一路输入长距离光纤链路中进行传输,完成对远端的时频传递并提供回路反馈信号,以用于本地激光器的噪声补偿。由于实际光纤链路中接头节点的端面反射无法避免,所以经过传输后返回的信号往往被淹没在端面反射的背景噪声中。我们提出采用另外一台 FLOM-PD 来完成在远端使用另一台激光器与由本地端传递到远端的频率标准锁定,从而将承载链路实际噪声信息的反馈信号与端面反射的背景噪声进行波长通道分离,为本地主站噪声补偿提供回路信号。

掺铒光纤光学频率梳的一部分光通过密集型波分复用器耦合到♯33通道,相应的脉宽约为 2 ps,功率为 50 μW。在远端(LB2),用同样的密集型波分复用器通过♯33通道将传递到远端的脉冲串下载。频率恢复模块(Frequency Recovery Module,FRM)包括低噪声光电探测器(Newport 1611 FC-AC)、低通滤波器和放大器再现频率信号。射频恢复模块的输出一路作为远端射频频率源的频率基准,通过另一台 FLOM-PD 与第二台掺铒光纤光学频率梳锁定。这样的锁定方法可以提高远端接收到信号的信噪比,由于是与第二台激光器锁定的,因此,光信号的谱宽变宽,可以选择密集型波分复用器的另一个通道♯34 将信号返回到本地端,这样在本地端就可以区分是端面发射信号还是真实的返回信号。因为是用同一根纤双向传递信号,所以,前向补偿的相位抖动的变化可以认为是 Round-Trip 法检测到的相位抖动的一半。

在远端,♯34 通道下载反向传递过来的脉冲串,通过低噪声光电探测器,经过滤波放大,将其放入混频器的一端,混频器的另一端为本地端激光器输出的信号经过滤波放大,利用其混频值得到链路的相位抖动变化。北京大学实验小组提出的数字式前馈补偿技术(Feed-Forward Digital Compensation,FFDC)需要另外两个密集型波分复用通道♯36、♯37,用于数字通信。这两个通道与传输信号的通道相隔几个通道是为了避免通道间的相互串扰而设计的。两个数字通信模块是标准的小型可插拔(Small Form Pluggable,SFP)光传输模块,型号是 Flyin 1.25 Gbit/s。

在本地端,先将由混频器得到的相位抖动值通过数据采集卡(Data Acquisition,DAQ)采集到计算机中,再由计算机将此混频值经过运算并将此值同时发送给本地端的 MCU 和通过数字通信模块传递给远端的 MCU。在远端,恢复出的 10 MHz 信号的其中一路送入由 MCU 控制的相位抖动补偿模块——数字频率合成器(Direct Digital Frequency Synthesizer,DDFS 或 DDS)(型号为 AD9910),依据混频值补偿远端信号由于链路受温度等引起的相位抖动。相位抖动的检测以及补偿带宽主要受限于链路长度。数字式前馈位相补偿技术的电路原理如下。

如图 5.15 所示,数字式前馈补偿技术的电路是在本地端和远端加入相位补偿模块,由 MCU 控制给相位补偿模块的补偿值的大小。在本地端,相位补偿模块的输入是由远端传回到本地端的信号经过光电探测器和分频滤波后得到的 10 MHz 的信号,将其信号经过倍频与氢钟的倍频信号进行混频并滤波,混频结果用数据采集卡采样,采样值的变化即代表了两倍链路的相位抖动的变化。而 MCU 的算法程序会将前十次混频采样的平均值作为基准值,当后续的采样值发生变化时,则通过相位补偿模块进行相位补偿,其补偿方式是阶梯式,即每次补偿的步长是一样的,经过若干次补偿后,使混频采样值始终与初始值保持一致。同时,发送端的相位补偿信息会通过数据传输模块传递到远端,通过 MCU 控制远端的相位补偿模块。远端相位补偿模块的工作方式与发射端相同,但步长为发射端的一半。反馈系统将补偿控制信息前馈到接收端,若发送端作若干次补偿,则接收端进行同样次数的补偿。通过这种数字式前馈模式,实现相位补偿。

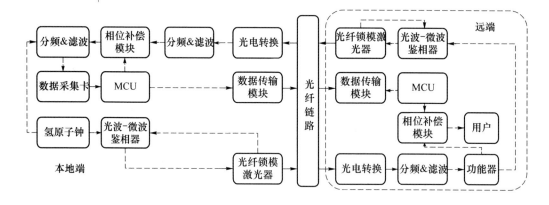

图 5.15　数字式前馈补偿技术的电路原理

假设本地端参考信号为 $V_{ref}=A_{ref}\cos(\omega_{ref}t+\phi_{ref})$,远端传到本地端的返回信号为 $V_{return}=A_{return}\cos(\omega_{ref}t+\phi_{ref}+2\phi_f+\phi_p)$,将本地端与返回端信号进行混频,其中,$\phi_f$ 为链路受温度、振动等影响带来的相位抖动的变化

量,ϕ_p 为相位补偿模块的补偿相位变化量。混频值通过低通滤波器后为 $V_{mix}=\dfrac{A_{ref}A_{return}}{2}\cos(2\phi_f+\phi_p)$,当链路相位抖动变化量 ϕ_f 发生变化时,通过相位补偿模块改变相应的 ϕ_p 的值,即 $2\Delta\phi_f=-\Delta\phi_p$,这样,使得混频值始终保持恒定不变,那么远端信号

$$V_{remote}=A_{remote}\cos\left(\omega_{ref}t+\phi_{ref}+\phi_f+\frac{1}{2}\phi_p\right) \qquad (5.22)$$

的相位就会始终保持不变,达到相位抖动补偿的目的。

图 5.15 中最大的一个器件是移相器,它是一个数字器件,移相的响应时间决定于驱动控制器所用的时间。在理论上,驱动时间在可达到 1 μs 以下,因此移相器的带宽可以达到 1 MHz。在实际光纤条件下,由环境影响引入的相位漂移速率应该小于 1 MHz,因此我们的射频补偿方案能够满足实际要求。此外,相对于其他部件来说,移相器部分将引入额外的噪声。因此在实验系统中,我们选择的器件都是低噪声器件。由光纤传输引入的相位噪声远远大于器件引入的相噪。因此,由移相器电路、激光器锁定电路引入的相噪可以不作考虑。

相位噪声分析仪(Symmetricom 5120A)用来测量传递后射频频率在中心频率 10 MHz 的单边带相位噪声(Single Side Band,SSB)。相噪仪的参考输入信号为氢原子钟的 10 MHz 的频率信号,其功率为 8 dBm。不同补偿带宽下的噪声抑制能力是不一样的,补偿带宽为 100 Hz 的时候,可以有 5~10 dB 噪声抑制能力的提升。

频率稳定度的结果是通过 DAQ 采集混频器输出的电压值,再对其进行转换得到的,采样速率为 100 Hz。混频器输出的电压值反映了相位的变化量,由此可以推算出频率稳定度。在测试中参照对高精度频率源原子钟的测试标准,对远端的频率信号进行稳定度测量,即进行 Allan 方差测量。通常的方法是,将远端的频率信号与发射端信号进行鉴相,如图 5.16 所示。

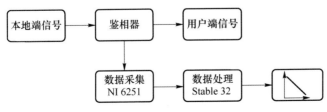

图 5.16 频率传递 Allan 方差测试原理图

鉴相器输出信号可以表示为

$$V(t)=V_0\cos\left[2\pi\nu_0 t+\varphi(t)\right] \tag{5.23}$$

其中，V_0 是鉴相器最大输出幅度，ν_0 是信号的中心频率，$\varphi(t)$ 代表相对于相位 $2\pi\nu_0 t$ 的时间变化偏差。相对于中心频率的瞬时频率偏差表示为

$$y(t)=\frac{1}{2\pi\nu_0}\frac{\mathrm{d}}{\mathrm{d}t}\varphi(t) \tag{5.24}$$

将此计算出的结果读到 Stable 32 软件中，利用该软件画出 Allan 方差曲线，再将此计算出的每一个时间间隔的 Allan 方差值利用 Origin 软件画出在相位抖动不补偿时和相位抖动补偿时测得的结果。

Allan 方差用来描述频率源的特征是非常有用的，因为 $\sigma_y(\tau)$ 依赖于 τ，揭示了出现的相位噪声类型。例如，如果 $\sigma_y(\tau)\propto\tau^{-1}$，那么相位白噪声占主导，如果 $\sigma_y(\tau)\propto\tau^{-1/2}$，那么频率白噪声占主导。然而，为了让 Allan 方差能准确地指示出噪声的种类，必须要保证测量两个连续的频率测量值之间没有空余时间，根据不同的噪声的种类，空余时间的出现将导致不同程度的方差偏离。例如，空余时间会导致相邻数据点之间连贯性的缺失，根据空余时间的长短，相位白噪声就有可能被检测为频率白噪声。

我们选择修正 Allan 方差作为评估系统的标准可以更好地区分白相位噪声和闪烁相位噪声。图 5.17 所示为在不同补偿带宽时的频率不稳定度，补偿带宽分别为 100 Hz、20 Hz、1 Hz。噪声本底的测量是用一段 3 m 长的单模光纤跳线代替长距离的光纤，同时用光衰减器以及放大器调整进入光探测器的功率，使其与长距离测试时的功率保持一致。

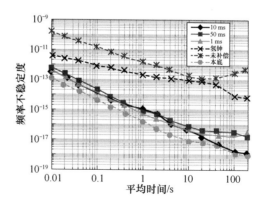

图 5.17　在不同补偿带宽时的频率不稳定度

从图 5.17 可以看出,在没有补偿链路相位抖动时,频率不稳定度为 $1.52 \times 10^{-12}/s$。利用数字式前馈补偿技术后,频率不稳定度秒稳降为 5.28×10^{-16},百秒稳达到 1.7×10^{-18}。从 Allan 方差的结果可以看出,设置不同的补偿带宽时,频率不稳定度没有显著的区别,说明了采用数字式前馈补偿技术的带宽仅仅受限于光纤长度。不同补偿带宽的频率不稳定度与 $1/\tau$ 成正比,可这以看出,白相位噪声占主导地位[20]。

这种新型的光纤传递相位抖动补偿技术——数字式前馈相位补偿技术(FFDC)——在 120 km 的电信级实际光纤中,频率传递不稳定度可以降至秒稳 5.28×10^{-16},百秒稳 1.7×10^{-18}。该结果也表明,在长距离实际光纤中,这种新型的补偿技术可以取代传统的光纤延迟线和拉伸器完成相位抖动的补偿,并且补偿带宽仅仅受限于光纤长度。

5.2　基于光学频率梳的高精度时间同步技术

在两地之间,除了高精度的频率外,绝对时间同步也是不可缺少的。因此,在两地要监视、调整时间信号,保持两地的"原子钟"在频率和时间上都是一致的。

在图 5.18 中,本地端的时频基准是由 3 台氢原子钟构成的氢原子钟钟组,一台是主钟,另外两台一直在热备份,以保证氢原子钟钟组持续工作。传递的目的就是在远端"再现"一台原子钟,其频率和时间与本地端的氢原子钟钟组输出的频率和时间一致。为了方便测量本地端与远端频率传递不稳定度,将本地端与远端设在同一个地方,在金堂(KT)通过一个双向 EDFA 连接两芯光纤,构成 120 km 的一根光纤。在传递过程中,要同时传递频率信号、时间信号以及数据信号。为了使得三种信号不互相串扰,利用 DWDM 的不同通道将此信号分开传递。传递频率信号采用的是数字式前馈方法,本地端要将本地端信号与返回端信号鉴相,因此频率传递需要两个不同的透明的物理通道。传递时间信号采用的是双向比对技术,本地端与远端要同时收到两端对传的时间信号才能完成双向比对,因此,时间也需要有两个不同的透明物理通道来进行传递。数据信号的传递利用的是标准的光通信收发模块,本地端、远端要同时将采集到的数据发送到对方,因此,数据同样需要两个不同的透明物理通道。因此一共需要 6 个不同的物理通道,实际上购置了 8 通道的 DWDM,其中两个通道是用来隔离时间信号与频率信号以及频率信号与数据信号的,以避免在传递过程中发生串扰。

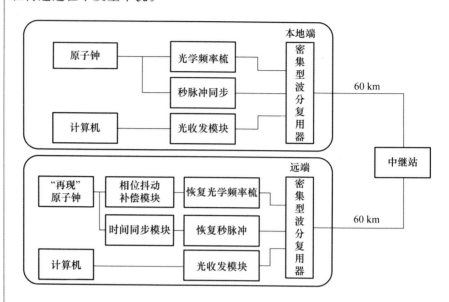

图 5.18　基于光学频率梳的高精度时间同步原理框图

原子钟输出的时频基准包括频率信号和时间信号,因此,需要在保证频率信号一致的同时,完成本地端与远端的时间同步。时间同步的原理如图 5.19 所示。

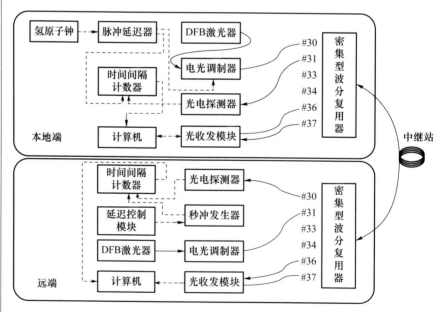

图 5.19　时间同步原理框图

利用双向光纤时间传递(Two-Way Fiber Time Transfer,TWFTT)技术调整时间延迟,以保证两地间时间同步。本地端氢原子钟钟组在输出频率基准信号 10 MHz 的同时也输出时间基准信号 1 pps(Pulse per Second,秒脉冲),双向时间比对的目的就是把远端给用户的秒脉冲与本地端输出的时间基准秒脉冲的上升沿对齐,氢钟组输出的秒脉冲信号与秒脉冲信号发生器同步。在远端,脉冲延迟器用来产生远端给用户的秒脉冲信号,并将其同时发送给本地端。

本地端远端时间信号的互传同样是通过 DWDM 的两个通道完成的。本地端秒脉冲向远端传递的通道选择的是♯30 通道,因此,在本地端我们选择与♯30 通道波长相对应的分布式反馈激光器(Distributed Feedback Laser,DFB)。DFB 的输出作为电光调制器的输入,电光调制器的射频输入信号连接脉冲发生器的输出,偏置连接一台线性电源,电光调制器的输出信号即携带有秒脉冲的信息。在远端,同样以电光调制的方法产生秒脉冲,只是所选择的通道为♯31 通道。

在本地端,将本地端秒脉冲发生器输出的一路信号作为本地端时间间隔计数器的"开门"信号,等待远端发送的秒脉冲信号传递到本地端,当收到远端发送过来的秒脉冲后,将其作为时间间隔计数器的"关门"信号,此时,时间间隔计数器的值记为 T_{AB}。

在远端,将远端秒脉冲发生器输出的一路信号作为远端时间间隔计数器的"开门"信号,等待本地端发送的秒脉冲信号传递到远端,当收到本地端发送过来的秒脉冲时,将其经过光电转换作为时间间隔计数器的"关门"信号,此时,时间间隔计数器的值记为 T_{BA}。

本地端到远端的光信号以及远端到本地端的光信号都经过光纤链路,定义 T_A 和 T_B 为本地端和远端将要发送的 1 pps 的上升沿时刻,则有 $T_{AB}=T_A-(T_B+\Delta\tau_B)$,$T_{BA}=T_B-(T_A+\Delta\tau_A)$,其中,$\Delta\tau_A$ 和 $\Delta\tau_B$ 是对称的延迟,包括本地端远端光电转换延迟、电光转换延迟、电子处理延迟以及光纤链路传输延迟。我们可以近似认为 $\Delta\tau_A\approx\Delta\tau_B$,忽略电/光以及光/电延迟(器件是对称的),扣除由于通道不对称(色散)引起的延迟(约为～2.1 ns)。再利用式 $\Delta T=(T_{AB}-T_{BA})/2$,将此值通过仪器 DG645 的网口控制其发生的秒脉冲上升沿进行延迟,保证 $\Delta T\equiv0$。

从图 5.19 可以看出,♯36、♯37 通道是用来传输数据的。传输数据的方式采用双向对传数据。在本地端和远端各放置一个相应波长的光收发模块,该模块是通过网口控制模块与计算机相连的。传递的数据主要包括协议指令、采集到的 DAQ 值、本地端远端时间间隔计数器(Time Interval Counter,TIC)读数值等。

我们用时间间隔计数器作为记录仪器,时间间隔计数器的精度为 20 ps。从图 5.20 可以看出,光纤链路的实际长度约为 125.2 km。采样点数为 12 500 个点,采样时间为 3 s,由此可以推出,图 5.2 的实际采集时间为 37 500 s。在采集时间内,实际链路的变化量最大为 7.5 ns。图中两线分别代表 T_{AB} 和 T_{BA},这两个值都包括链路的变化量。曲线 1 是由 $\Delta T=(T_{AB}-T_{BA})/2$ 得到的,因此,曲线 1 可以将链路的变化量同时消掉,得到时间同步精度。将所有采集点做均方根(Root Mean Square,RMS)误差分析,可以得出时间同步精度为 37 ps($<$40 ps)。

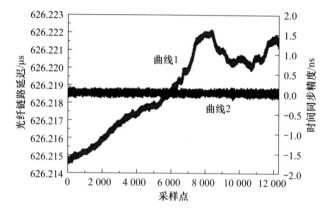

图 5.20　光纤链路时延变化以及时间同步精度

5.3　小　　结

在基于光学频率梳的高精度频率传递和时间同步系统中采用光学频率梳作为光载波,可以将光学频率梳滤波出来的高次谐波信号直接作为频率源,避免频率综合器等频率变换器件带来的附加噪声。将光学频率梳与原子钟锁定,可以使得光学频率梳的频率短期稳定度和长期稳定度都可以跟随原子钟的短期稳定度和长期稳定度。采用本章中所介绍的光波-微波鉴相器,可以避免探测器中的幅度转相位噪声。为了区分承载链路实际噪声信息的反馈信号与端面反射的背景噪声,采用了同纤传递技术。为了实现两地的"原子钟"在频率和时间上都是一致的,采用了时间双向比对技术,并将这些关键技术在百公里级电信级光纤上进行了验证。

本章参考文献

[1] LI C,WANG G,JIANG T,et al. Femtosecond amplifier similariton Yb:fiber laser at a 616 MHz repetition rate[J]. Optics Letters, 2014,39(7):1831-1833.

[2] HOFER M,OBER M H,HABERL F,et al. Characterization of ultrashort pulse formation in passively mode-locked fiber lasers[J]. IEEE Journal of Quantum Electronics, 1992,28(3):720-728.

[3] KUSE N,JIANG J,LEE C C,et al. All polarization-maintaining Er fiber-based optical frequency combs with nonlinear amplifying loop mirror[J]. Optics Express, 2016,24(3):3095-3102.

[4] SZCZEPANEK J,KARDA T M,MICHALSKA M,et al. Simple all-PM-fiber laser mode-locked with a nonlinear loop mirror[J]. Optics Letters, 2015,40(15):3500-3503.

[5] RUNGE A F J,AGUERGARAY C,PROVO R,et al. All-normal dispersion fiber lasers mode-locked with a nonlinear amplifying loop mirror[J]. Optical Fiber Technology, 2014,20(6):657-665.

[6] ZHAO L M,BARTNIK A C,TAI Q Q,et al. Generation of 8 nJ pulses from a dissipative-soliton fiber laser with a nonlinear optical loop mirror[J]. Optics Letters, 2013,38(11):1942-1944.

[7] SET S Y,YAGUCHI H,TANAKA Y,et al. Ultrafast fiber pulsed lasers incorporating carbon nanotubes [J]. IEEE Journal of Selected Topics in Quantum Electronics, 2004,10(1):137-146.

[8] YAMASHITA S,INOUE Y,HSU K,et al. 5-GHz pulsed fiber Fabry-Perot laser mode-locked using carbon nanotubes[J]. IEEE

Photonics Technology Letters，2005，17(4)：750-752.

[9] 张志刚. 飞秒激光技术[M]. 北京：科学出版社，2011：369.

[10] KIM J，KRTNER F X. Attosecond-precision ultrafast photonics [J]. Laser & Photonics Reviews，2010，4(3)：432-456.

[11] JUNG K，KIM J. Subfemtosecond synchronization of microwave oscillators with mode-locked Er-fiber lasers[J]. Optics Letters，2012，37(14)：2958-60.

[12] JUNG K，SHIN J，KANG J，et al. Frequency comb-based microwave transfer over fiber with 7×10^{-19} instability using fiber-loop optical-microwave phase detectors [J]. Optics Letters，2014，39（6）：1577-1580.

[13] PINKERT T J，BÖLL O，WILLMANN L，et al. Effect of soil temperature on optical frequency transfer through unidirectional dense-wavelength-division-multiplexing fiber-optic links [J]. Applied Optics，2015，54(4)：728-738.

[14] TAMIL L S，CLEVELAND J R. Optical wavelength division multiplexing for broadband trunking of RF channels to remote antennas[C]// MILCOM 97 Proceedings. Monterey：IEEE，1997：1062-1066.

[15] LOPEZ O，HABOUCHA A，KEFELIAN F，et al. Cascaded multiplexed optical link on a telecommunication network for frequency dissemination [J]. Optics Express，2010，18（16）：16849-16857.

[16] IDLER W，FRANZ B，SCHLUMP D，et al. Field trial at 40 Gbit/s over 28. 6 and 86 km of standard singlemode fibre using quaternary dispersion supported transmission[J]. Electronics Letters，1998，34(25)：2425-2426.

[17] CRISTIANI I，TEDIOSI R，TARTARA L，et al. Dispersive wave generation by solitons in microstructured optical fibers[J]. Optics Express，2004，12(1)：124-135.

[18] BLOW K J，WOOD D. Theoretical description of transient stimulated

Raman scattering in optical fibers[J]. IEEE Journal of Quantum Electronics，1989,25(12):2665-2673.

[19] GOVIND P. AGRAWAL. 非线性光纤光学原理及应用[M]. 第二版. 北京:电子工业出版社,2010:743.

[20] RILEY W J. Handbook of Frequency Stability Analysis[M]. U. S.:National Institute of Standards and Technology,2008:136.

第6章
高精度时频传递技术在其他领域中的应用

　　人们的日常生活和经济活动、科学试验、国防等都需要在统一的时间基础上进行,因此需要建立标准时间产生、保持、传递和使用的完整体系,而对于时间精度的要求从秒级到纳秒级,甚至到皮秒级。

　　根据应用领域的不同,高精度时频传递技术可分为军用和民用用户两种。民用方面主要包括电力系统(运行调度、故障定位、电力通信网络)、通信(移动通信基站、个人用户位置服务)、公路交通(道路导航、救援、车辆管理)、航海(航海导航、港口疏浚、航道搜救、航道测量)、测绘、防震救灾(地震观测、地震调查、地震救助、勘测、应急指挥)、公安(户籍管理、交通管理、警卫目标保障、缉毒禁毒、反恐维稳、巡逻布控、安全警卫、指挥调度)、林业(森林防火、森林调查)、广播电视、气象、信息业、激光测距、科研等,这些应用对时间精度的需求范围从秒量级到纳秒量级,甚至到皮秒量级;军用方面主要用于信息化作战装备、大型信息系统等方面,对时间精度的需求范围从秒量级到皮秒量级[1]。

　　随着信息时代的发展,时间信息几乎是所有行动的基础,针对越来越复杂的环境,对授时服务的抗干扰性、抗摧毁性提出了更高的要求。

6.1　在国防中的应用

　　高精度时频传递系统可以向国防科研试验提供标准时间和频率信号,以实现整个试验系统时间和频率的统一。在现代化战场上,时间信息几乎是所有作战行动的基础。精确的时间同步是各类武器装备、平台、各级作战指挥系统兼容,信息融合的基础。在整个指挥作战回路中,要形成陆、海、空、天、电跨域、实时、可靠的态势信息,实现各级指挥所之间的数据信息交换,实现计算机数据通信网与武器系统平台之间的互联、互通、互操作,均需要各类武器装备、侦察监视平台、数据链、指挥网络之间实现精确的时间同步。唯有精确授时,才能够使"发现即摧毁"的快速协同作战成为可能。因而,在作战中,一旦敌方授时系统被干扰,将会造成整个作战回路的时间不统一,指挥部无法对部队实现准确的指挥、控制,作战人员对武器系统之间也无法做到时间上的精确控制,武器系统则无法实现有效、准确、可靠的打击。因此,攻击敌方的授时系统可快速扰乱敌方的指挥作战秩序,为实现其他攻击提供优势,达到事半功倍的效果。

时间同步的错误将会导致一系列的服务出错,带来深刻的影响。2016 年 1 月 26 日,由于技术问题,GPS 授时出现了百万分之十三秒($13\,\mu s$)的授时误差,并持续了 12 小时,使美国和加拿大的警方、消防以及 EMS 的无线电设备停止运转,欧洲电信网络出现故障,英国广播公司电台停播长达 2 天,电网系统出现一系列问题。这则消息充分说明两个问题:一是卫星授时的应用场合非常多,警察、消防、电信、广播、电网都要用到,甚至快递也需要卫星授时;二是依赖 GPS 授时会对我国国民生产、国防安全带来一定的风险。

对于国防科研试验,如导弹、航天试验,十分重要的是导弹或运载火箭的发射时刻,准确的发射时刻(也称发射零时)甚至关系到整个试验的成败。除了发射时刻外,射前和射后时间、火箭发动机的点火与关机时间、多级火箭级间的分离时间、火箭与航天器的分离时间、航天器入轨时间、航天器回收制动火箭点火时间、常规武器试验的炮口时间和离梁时间等,都需要高精度时频系统提供准确的时刻。导弹、航天试验时,飞行器在发射后除根据事先设定的程序自主控制其飞行轨迹和状态外,还经常需要由地面控制系统根据试验任务的需求控制其飞行轨迹和状态。例如,中低轨道卫星的轨道控制,返回式卫星的返回控制和星上有效载荷的控制,地球同步卫星的变轨控制、定点控制、姿态保持控制,载人航天器的返回控制等都需要地面控制系统的遥控系统根据高精度时频系统提供的时刻来实施。

作为现代无线电(包括卫星)导航系统的关键,无线电和数字编码(通信)技术都涉及信号频率及准确度的问题。而时间、频率、时统设备(如高精度原子钟)又是这些导航系统的核心。可以说,无论是陆基罗兰导航系统还是天基 GPS、GLONASS、伽利略和北斗卫星导航系统,它们都离不开精确时间。美国 1974 年初步建成了 GPS 系统并投入使用,且一直在不断完善它,各军事强国也相继建立了自己的卫星导航定位系统,但现在美国 GPS III 仍处于国际领先地位。自"导航战"以来,各国都在研究定位导航系统相应的攻防技术与装备。美国"授时战"的提出将会对军民领域产生深刻的影响。可以期待,未来几年将会是授时领域研究的高潮。

《2018 年中国时间频率行业发展现状及发展前景分析》指出[2],高精度时间频率关乎国家主权和安全,原子钟、中高端晶体器件以及时间同步产品已广泛应用于武器装备、航空航天、军事通信、卫星导航等国防科技领域。原子钟:作为一级频率标准的铯原子钟,是时间产生、保持和溯源的设备,在航空航天、武器系统等国防领域中,为各类测控系统、武器平台提供了高精度的时间基准,保障了系统的精密控制和精确打击,还可为使用卫星驯服高性能铷钟的领域提供更可靠、精度更高的升级使用方式,满足我国国防建设的战略需求。随着武器装备信息化的发展,作为高精度频率源的铷原子钟应用越来越广泛。例如,在通信、导航等便携电子装备中要求使用小型化铷原子钟,在车载、机载、弹载、星载等平台中要求使用高性能铷原子钟。频率组件及设备:频率组件及设备大量应用于通信、导航、雷达、侦察、测控等军用电子设备系统。时间同步产品:随着《中国人民解放军标准时间管理规定》的正式实行,军用时频体系在武器平台、大型信息系统、信息化作战装备和航天重大工程等国防应用方面的建设正在推进,时间同步产品将成批量地装备于军用系统,军用时间同步产品有着广泛的市场前景。在现代战争中,各武器平台的通信、导航、雷达、电子对抗等电子设备都需要高精度时频同步,保证在相同的时频标准下工作,以满足武器发射、弹道测控、预警探测、载机导航、精确打击、数据链、数字通信、情报侦察、防空反导、敌我识别和协同作战等要求。此外,在卫星、导弹、载人飞船等航天测控领域中,其要求的时间同步精度达微秒量级,频率准确度达 10^{-12} 量级。随着我国航天领域的快速发展,航天测控、靶场试验等领域对高精度时间同步设备的需求量较大。

目前,我国正在建设和完善以卫星导航系统授时为主导,以无线、网络等授时手段相辅助的国家时间频率体系,时频体系的建设包含守时、授时、用时、计量校准与监测等内容。这对时频核心器部件以及时间同步板卡、模块、设备和系统的需求巨大,将会带动整个时间频率行业的快速发展。

6.2 在通信中的应用

高精度频率传递和时间同步对于涉及国家经济社会安全的诸多关键基础设施至关重要,通信系统、电力系统、金融系统的有效运行都依赖于高精度时间同步。在移动通信中需要精密授时,以确保基站的同步运行。电力网为有效传输和分配电力,对时间和频率提出了严格的要求。北斗卫星导航系统的授时服务可有效应用于通信、电力和金融系统,确保系统安全稳定运行。

高精度时频系统正在成为电力系统稳定运行的关键因素。随着智能电网建设的不断推进,通过硬件基础和技术手段可实现智能电网的信息化、数字化、自动化和互动化。未来智能电网技术的推广和应用(如广域测量系统、智能化调度系统以及实时监测和分析系统等技术),需要实现电力系统发、输、配、用电的智能化,对时间同步的要求会非常高[3]。近年来电力系统自动化技术的迅速发展,发电厂自动化控制系统、变电站综自系统、调度自动化系统、相量测量装置(Phasor Measurement Unit,PMU)、故障录波装置、微机继电保护装置等的广泛应用,离不开时间记录和统一的时间基准。通过时钟同步技术为每个系统馈送的正确时钟信号,结合自动化运行设备的实时测量功能,实现了对线路故障的检测、对相量和功角动态监测,提高了在电网事故中分析和判断故障的准确率,提高了在电网运行中控制机组和电网参数校验的准确性。电力系统对时间同步的要求:继电保护装置、自动化装置、安全稳定控制系统、能量管理系统和生产信息管理系统要基于统一的时间基准运行[4]。这样来满足同步采样、系统的稳定性判别、线路故障定位、故障录波、故障进行分析以及故障反演时间一致性的要求,从而提高电网系统运行的效率。随着智能电网、智能化变电站等技术的推广与应用,全网时间同步技术必然在未来智能电网运行中发挥日益重要的作用。

全球金融业正快速发展,对每天需要以闪电般速度处理数十亿美元交易的证券交易所而言,精确度高、统一性好的时间信息让证券交易所能够更专业、更有效对业务进行处理! 金融业界服务器是对事件敏感度较高的计算机系统,时间同步技术在互联网计算机上拥有极其广泛的应用。计算机时钟常用来对事件的时间信息进行记录。如果计算机时间精度不高,时间信息就难以统一,就无法准确推断出诸如汇率、证券结算、股票和期货交易、文件创建和访问、数据库处理、控制备份、网管系统的告警和日志操作等业务发生的准确时间节点,进而导致数据大面积错乱。新信息、新交易对高度精确时间戳有了更高层次的要求,依靠传统的网络 NTP 取时,已难于满足当下所需,由此对高精度时间同步提出了更高的要求。在现有金融系统中,为数众多的数据处理中心的计算机、后台服务器可能会存在时间偏差,从而无法以更为公正、更为合理、更为公平的方式准确区分出用户请求交易发生的时间、优先级顺序等,最终影响了证券交易活动的良性运转。举个简单例子,如果是 1 ms 精度的证券交易中心,则在 1 ms 内到达的交易请求均视为同等交易;如果证券交易中心的时间精度到了 1 ns,则可以将 1 ms 分出 100 万个交易优先等级,这样就可以区分 1 ns 级别的交易请求的优先顺序,进而促进交易更加公平、合理、公正。

在轨道交通(地铁、高铁)综合监控系统中,时间同步设备为通信、调度、交通信号、防灾报警、机电设备、电力监控等专业系统提供统一的定时信号,为控制中心(Operating Control Center,OCC)、车站、车场等各部门提供统一的时间信息。在实际生活中,全线各站之间的时间必须完全统一,时间同步设备对保证轨道交通运行计时准确、提高运营服务质量起到了重要的作用。同样,民航业在快速发展,飞机飞行密度加大,空管系统对精确时间同步提出了更高的要求。高速交通时间同步系统为运营调度指挥、业务系统设备提供统一的标准时间信息,从而保证飞机、列车的安全高速运行,是高速交通网络运行的关键系统。我国未来的高速交通基础设施建设规模将保持在高位,对时间频率产品也随之保持较高的需求[2]。

6.3　基 础 研 究

高精度频率传递和时间同步在物理基本原理测试[5-6]、下一代 X 射线源的发展[7]、长基线相干射电望远镜阵列[8]、卫星导航定位系统[9-11]等中有着举足轻重的作用。

目前最准确的原子钟都基于光学转换。这种光学时钟具有稳定的频率,相对不确定度只有 10^{-18} 数量级,这比最好的铯喷泉钟还要精确约 100 倍,而时间的国际单位制"秒"正是依靠铯喷泉钟实现的。自 1967 年以来,国际单位制(SI)将秒定义为由这些振荡产生的微波信号的 9 192 631 770 个周期中所经过的时间。对于光学原子钟使用的原子,如镱和锶,其振动频率约为微波频率的 10 万倍。这些更高的频率使得光学时钟比微波原子钟走得更快,使它们随着时间的推移更加精确和稳定。光学时钟的研究及其发展进步有望让科学家们重新定义秒。与现行的铯原子钟比较,光钟具有实现更高准确度的潜力,被公认为下一代时间频率基准。用光钟替代现行的铯原子喷泉钟来重新定义秒,可以显著提高卫星导航系统的定位精度。

如果要实现如此高精度的原子钟比对,目前最高比对精度的卫星链路是无法实现的。德国 PTB 和法国两家研究机构(LNE-SYRTE 和 LPL)的科学家在德国和法国的国家计量院(即 PTB 和 LNE-SYRTE)之间创建了 1 415 km 的光纤连接。这样一来,就可以利用光纤链路定期进行光学时钟的国际比对。该实验时钟比对示意图如图 6.1 所示。采用主动相位抖动补偿手段,长距离产生的频移被主动抑制高达 6 个数量级,这使得光信号可以高稳定传输。光钟比对的不确定度小于 10^{-18} 量级。当对两个锶光钟进行比对时,平均在 2 000 s 之后才会观察到小于 2×10^{-17} 的频率波动[12]。

量子时频传递技术

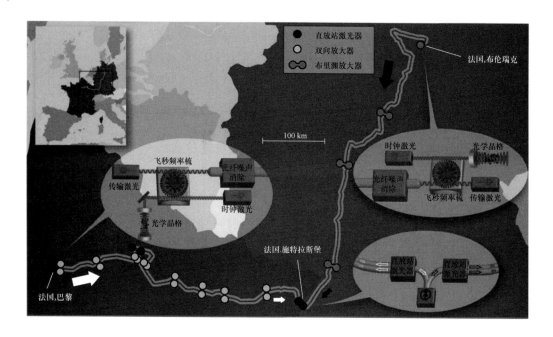

图 6.1　德国 PTB 与法国 LNE-SYRTE 之间时钟比对示意图[12]

　　平方公里射电阵(Square Kilometre Array,SKA)是一个巨型射电望远镜阵列,由数千个较小的碟形天线构成。"平方公里"这个名字就是为了突出其所覆盖面积之大。SKA 并不是一个直径达到 1 km 的射电碟形天线,而是由数千个较小的碟形天线构成的。对比目前最大的射电望远镜阵列,SKA 的灵敏度提了高约 50 倍,巡天速度提高了约 10 000 倍,将帮助人类填补对于宇宙基本认知的空白,在引力波和极端环境中检测爱因斯坦相对论、绘制河外星系图谱及寻找地外文明迹象等研究领域中发挥重要作用。为了保证信号同步精度必须达到十亿分之一秒,相邻天线之间应采用光纤连接,实现大规模的相控阵网络,使得天线之间的相位保持同步,连接在一起的光缆长度可绕地球两周。澳大利亚国家计量院的研究小组[13]演示了两个间隔较远的无线电天线(基线间隔＞100 km)之间的甚长基线干涉,可以从同一个参考频率源进行高保真度传递。基于光纤的射频(RF-over-Fiber,RFOF)传递系统产生的相对频率稳定度超过了两个独立的氢原子钟,并优于通常会限制 VLBI 射电天文学的大气扰动。该研究小组在"现实世界"的 310 km 光纤链路长度上有效地消除了大气干扰,该方案主要受澳大利亚望远镜紧凑阵列(the Australia Telescope

Compact Array,ATCA)参考中残留相位波动的限制,而不是受 RFOF 传输技术本身的限制。在多天线 VLBI 射电天文学的背景下,RFOF 传输方法可以避免在每个天线位置上都需要远程氢原子频率参考。

图 6.2 澳大利亚国家计量院 RFOF 传递实验布局示意图[13]

国际单位制的 7 个基本物理量和它们的主单位分别如下。

时间单位:秒(s)。

长度单位:米(m)。

质量单位:千克(kg)。

电流强度单位:安培(A)。

热力学温度单位:开尔文(K)。

物质的量单位:摩尔(mol)。

发光强度单位:坎德拉(cd)。

在这 7 个基本单位中,秒的准确度是最高的。由于时间频率量值容易传递和处理,而且时间频率的测量也较为简便、迅速,因此,科学家们正努力找出其他计量单位与时间频率量值的转换关系。2018 年 11 月 13—16 日,第 26 届国际计量大会(General Conference on Weights and Measures,CGPM)在巴黎召开。巴黎时间 11 月 16 日 13 时左右,国际计量局

（Bureau International des Poids et Mesures，BIPM）正式成员国的代表聚首凡尔赛会议中心，表决通过了关于"修订国际单位制（SI）"的决议，千克、安培、开尔文和摩尔的定义被重新修订。时间这个物理量是如此重要，除了物质的量的单位摩尔外，其他单位的定义都依赖时间单位的定义。

6.4 小　　结

时间频率基准的产生和传递对国民经济、国防建设和日常生活起着至关重要的作用。随着科学技术的进步，时间频率已经发展成为信息技术的重要支撑技术之一。独立自主的时间频率体系关乎国家安全和核心利益。发达国家都非常重视时间频率体系建设，例如，美俄均建有独立完备的国家时间频率体系。目前，我国正在建设和完善以卫星导航系统授时为主导，以无线、网络等授时手段相辅助的国家时间频率体系。可以想象，在未来的日子里，高精度时间频率基准和传递技术一定会有更广阔的应用空间。

本章参考文献

[1] 葛悦涛，薛连莉，李婕敏. 美国空军授时战概念分析[J]. 飞航导弹，2018，000(005):11-14.

[2] 2018 年中国时间频率行业发展现状及发展前景分析[EB/OL]. (2018-01-16)[2020-08-03]. http://www. chyxx. com/industry/201801/604269. html.

[3] 余贻鑫，栾文鹏. 智能电网述评[J]. 中国电机工程学报，2009(34):1-8.

[4] 于跃海，张道农，胡永辉，等. 电力系统时间同步方案[J]. 电力系统自动化，2008，32(7):82-86.

[5] PREDEHL K，GROSCHE G，RAUPACH S M F，et al. A 920-kilometer optical fiber link for frequency metrology at the 19th

decimal place[J]. Science，2012,336(6080):441-444.

[6]　MATVEEV A,PARTHEY C G,PREDEHL K,et al. Precision measurement of the Hydrogen 1S-2S frequency via a 920-km fiber link[J]. Physical Review Letters，2013,110(23):230801.

[7]　ANDERSON S G,BARTY C P J,BETTS S M,et al. Short-pulse, high-brightness X-ray production with the PLEIADES Thomson-scattering source[J]. Applied Physics B, 2004,78(7-8):891-894.

[8]　SHILLUE B,ALBANNA S,ADDARIO L,et al. Transmission of low phase noise，low phase drift millimeter-wavelength references by a stabilized fiber distribution system ［C］∥ 2004 IEEE International Topical Meeting on Microwave Photonics. Ogunquit: IEEE,2004:201-204.

[9]　王惠南. GPS 导航原理与应用[M]. 北京：科学出版社. 2003:338.

[10]　张金通. Loran-C 定时精度的分析[J]. 时间频率学报，1984,13 (2):67-70.

[11]　LEVINE J. Introduction to time and frequency metrology[J]. Review of Scientific Instruments，1999,70(6):2567-2596.

[12]　LISDAT C,GROSCHE G,QUINTIN N,et al. A clock network for geodesy and fundamental science[J]. Nature Communications, 2016,7:12443.

[13]　HE Y,BALDWIN K G H,ORR B J,et al. Long-distance telecom-fiber transfer of a radio-frequency reference for radio astronomy [J]. Optica, 2018,5(2):138.

附录

缩 略 语

缩写	英文全称	中文名称
ADPLL	All Digital PLL	全数字锁相环
AOM	Acousto Optical Modulators	声光调制器
ATCA	the Australia Telescope Compact Array	澳大利亚望远镜紧凑阵列
BIPM	Bureau International des Poids et Mesures	国际计量局
CDMA	Code Division Multiple Access	码分多址
CGPM	General Conference on Weights and Measures	国际计量大会
CMOS	Complementary Metal Oxide Semiconductor	互补金属氧化物半导体
CPPLL	Charge Pump PLL	电荷泵锁相环
CPT	Coherent Population Trapping	相干布居数囚禁
DAQ	Data Acquisition	数据采集
DDS/DDFS	Direct Digital (Frequency) Synthesizer	直接数字(频率)合成器
DFB	Distributed Feedback Laser	分布式反馈激光器

EDFA	Erbium-Doped Fiber Amplifier	掺铒光纤放大器
EOM	Electro-Optic Modulator	电光调制器
FFDC	Feed-Forward Digital Compensation	数字式前馈补偿
FRM	Frequency Recovery Module	频率恢复模块
GPS	Global Positioning System	全球定位系统
GPS CV	Global Positioning System Common View	全球定位系统共视法
ILF	Inner Loop Filter	环内滤波器
INRIM	Istituto Nazionale di Ricerca Metrologica	(意大利)国家计量科学研究院
LPF	Low Pass Filter	低通滤波器
LPLL	Line PLL	线性锁相环
LTI	Linear Time Invariant	线性时不变
MPQ	Max Planck Institute of Quantum Optics	(德国)马克斯普朗克量子光学研究所
NALM	Nonlinear Amplifying Loop Mirror	非线性环路镜(锁模)
NPE	Nonlinear Polarization Evolution	非线性偏振旋转(锁模)
NPL	National Physical Laboratory	(英国)国家物理研究所
NTP	Network Time Protocol	网络时间协议
OC	Optical Circulator	光环行器
OCC	Operational Control Center	操作控制中心
ODL	Optic Delay Lines	光纤延迟线
OTDR	Optical Time-Domain Reflectometer	光时域反射仪

PI	Proportional Integral Controller	比例积分控制器
PLL	Phase Locked Loop	锁相环
PMU	Phasor Measurement Unit	相量测量装置
PPS	Pulse Per Second	秒脉冲
PTB	Physikalisch-Technische Bundesanstalt	(德国)物理技术研究院
PTP	Precision Time Protocol	精确时间协议
PZT	Piezoelectric Ceramic Transducer	压电陶瓷
RFOF	RF-over-Fiber	基于光纤的射频
RIFS	Raman-Induced Self-Frequency Shift	拉曼感应频移
RMS	Root Mean Square	均方根
SA	Saturable Absorber	可饱和吸收体(锁模)
SDH	Synchronous Digital Hierarchy	同步数字体系
SFP	Small Form Pluggable	小型可插拔
SKA	Square Kilometre Array	平方公里射电阵
SPLL	Software PLL	软件锁相环
TEC	Thermo Electric Cooler	半导体致冷器
TIC	Time Interval Counter	时间间隔计数器
TWFTT	Two-Way Fiber Time Transfer	双向光纤时间传递
TWSTFT	Two-Way Satellite Time and Frequency Transfer	双向卫星时间频率传输
UPS	Uninterruptible Power Supply	不间断电源
VCO	Voltage Controlled Oscillator	压控振荡器

| VLBI | Very-Long-Baseline Interferometry | 甚长基线干涉测量 |
| WDM | Wavelength Division Multiplexing | 波分复用 |